家要素　编著

小户型改造指南：让你的

小家越住越大

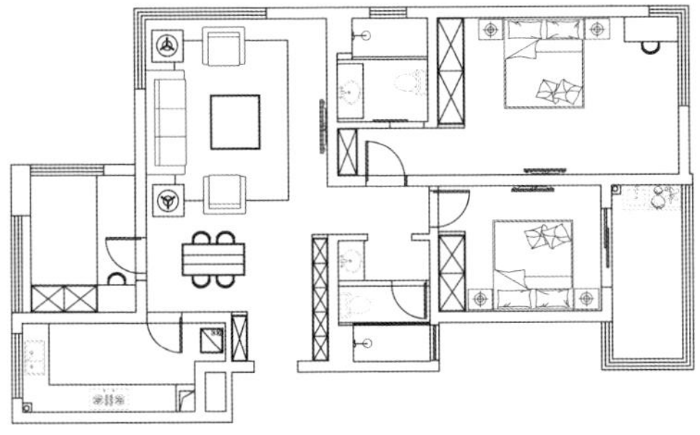

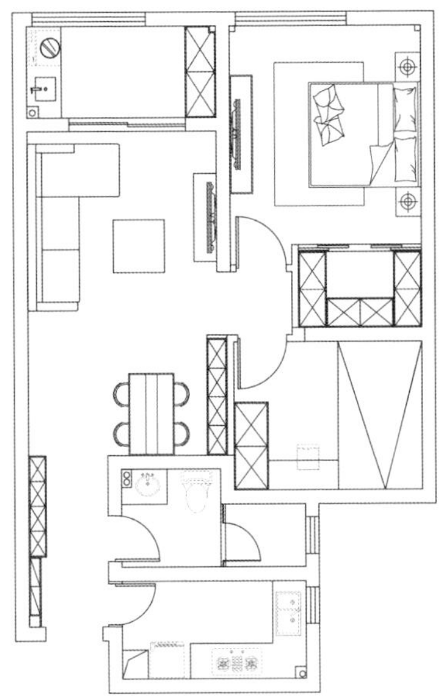

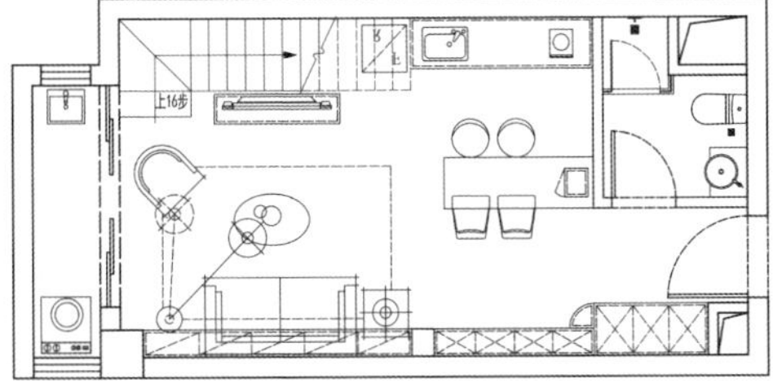

江苏凤凰科学技术出版社

前言

打造小而美的家

我们塑造了建筑，而建筑反过来也影响了我们。

——[英国]温斯顿·丘吉尔

年轻人的居住状态和家要素的初心

由于工作的原因，有机会收到几千名年轻客户发来的关于房子改造和装修的需求信息。我走访了其中几百位来自不同城市的青年人的家，与户主当面交流，帮助他们中的很多人完成了旧房改造和装修项目。在他们当中，有和我一样生活在大城市的"北漂""沪漂"，也有生活在祖国各个角落的小镇青年，甚至还有不少在海外打拼的留洋一族。最让我深受触动的是他们真实的居住情况，还有当谈到理想生活环境时，他们眼中浮现的光芒。

在这里分享一段我印象深刻的经历。那是一个傍晚，我去上海徐汇区探访一个仅有 37 m^2 的学区房，户主一家三口，孩子刚 1 岁多。房子是 20 世纪七八十年代的老房，不远处便是上海最繁华的街道。然而走进室内，昏暗的走廊、狭小的厨房以及转不开身的卫生间，还有房间整体陈旧的 20 世纪 90 年代装修风格，一下子把我的记忆拉回到小时候的老房子。尽管"阅房无数"，但我还是被眼前这间房屋的破旧情形震惊了。

创立家要素公司的初心，其实源于我自身的经历。我从小和父母、哥哥一起生活，一家四口住在一个 40 m^2 左右的老房子中，因此长大后我对生活环境变化的感受尤为深刻。从大学的四人宿舍，到工作后在学校附近与擅长做面食的"清华大哥（清华大学毕业）"一起合租的家属楼，再到后来独自一人住在北京东四环朝阳北路的高层公寓，每一次居住环境的变化，都对塑造我的生活起着至关重要的作用。因此，如果说创业是想为社会进步贡献自己的一点绵薄之力，那么我希望通过家要素的设计分享与改造服务，能够为改善中国年轻人的居住环境，进而改善他们的生活状态而贡献出我们的力量。

拥有一个美观、舒适的家，会帮助你改善生活，就像已故作家三毛在回复读者来信时说的那样：“房间布置得美丽，是享受生命、改变心情的第一步。”

用户的需求痛点和家要素的服务理念

从我们收集的统计数据来看，家要素的粉丝和用户主要是 25 ~ 30 岁的年轻人，其中有一半生活在一线城市，另一半生活在其他城市。他们的房子以 70 m^2 以内的小户型居多，户主提出的改造预算一般在 10 万元左右，大家关注的热点有“设计好看”“最大化利用空间”“合理收纳”“材料的环保安全”“地暖、新风、中央空调或净水等舒适系统”“智能家居”等。

针对这些切实存在的需求痛点，我们总结归纳出“设计感、高品质、重细节、超省心”的服务理念，这也是本书筛选案例的依据之一。

感谢

家要素于 2015 年创立，能够走到今天，需要感谢的人有很多。首先要感谢的是我们可爱的粉丝与客户，感谢你们打开门，让我们了解你们想要的理想生活，有机会为你们提供一点灵感、启发并能够参与改造，才让我们能够获得现在的成绩。其次要感谢的是每一位优秀的设计师，正是你们“源于生活，高于生活”的理念和专注细节的设计，把一个个破旧的小户型改造成让人惊艳的作品，在案例分享留言区，经常能看到这样的评论：“太好看了，我也想要这样的房子。”这都是你们的功劳。最后我想感谢一路相伴走来的各位同事、合作伙伴和相信并支持我们的家人、朋友，你们是这一切美好的缘起。

刘佳 于上海

2019 年 9 月

目录

小空间整体破局

用局部带亮全屋

小空间整体破局

本章 18 个案例，着眼于全局，从整体规划，对小空间进行破局。不管什么样的户型，经过奇妙而周全的设计，都可以实现升级改造，让空间集美观与实用于一体，让你的小家越住越大。

★“灾难户型”合理划分布局，将能利用起来的空间都利用起来

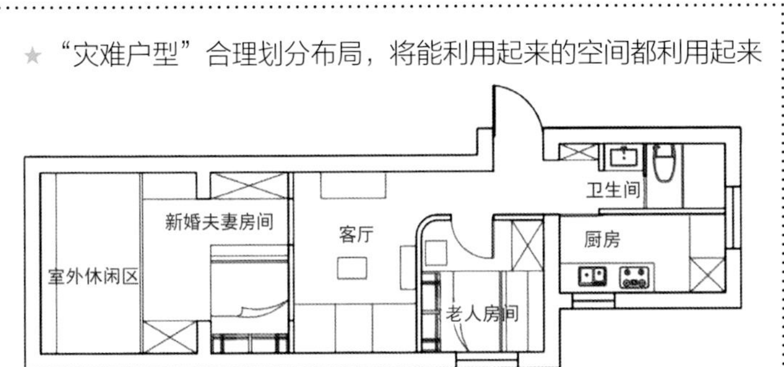

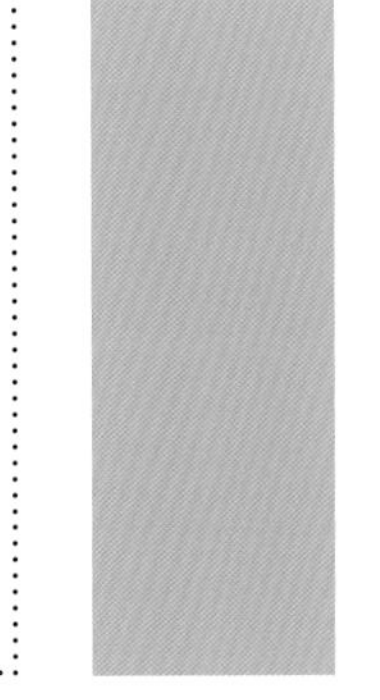

★空间既可以分隔，也可以合并，重要的是活动区域的相对独立

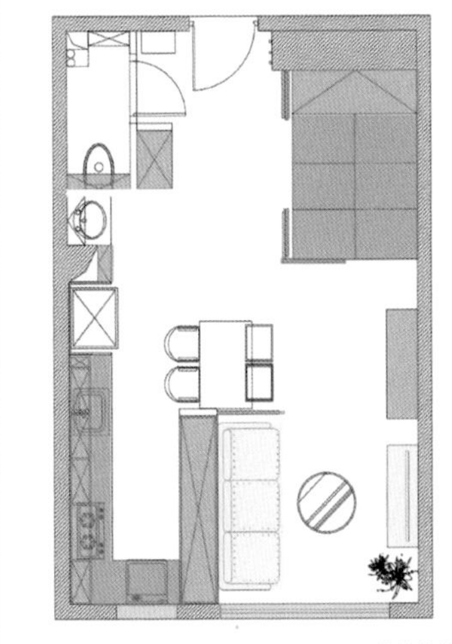

★空间原本拥有的优势，在改造中要充分发挥出来

★从其他地方获取灵感，灵活布置空间，让设计充满创意

01 化蜗居为神奇：灾难户型的二次改造

房屋信息

所在地	上海宝山
户型	1 室 1 厅 1 卫 1 厨
面积	43 m²
设计师	涂家宝
费用	25 万元
装修时长	1 个月

改造亮点

户型方面，在充分了解和体验用户需求后，将原始的非常不合理的房型最大限度地合理化，按照需求和动线合理划分功能区域，并进行最大限度的改造。在极有限的空间里运用可变家具，让空间具有多功能性，为屋主一家提供具有一定生活品质的整体空间。

设计师说

上海宝山一处仅仅 43 m^2 的狭长空间里却住着三代人，80 岁的外婆、经常照顾外婆需要留宿的妈妈，还有一对一直想结婚却被房子问题耽误困扰的小夫妻。一家人对家里的生活状况一筹莫展，无数次想动手改造，却又无从下手。

做设计师这么多年，从来没有过这么大的压力。这次改造经历了很多波折，甚至想到过放弃，因为一度觉得自己的努力不被理解，感到很无助。但是认真想了想，还是决定坚持将这件事进行到底，因为我们接这个项目的初心，就是想让他们一家人的生活变得更好。

户型图

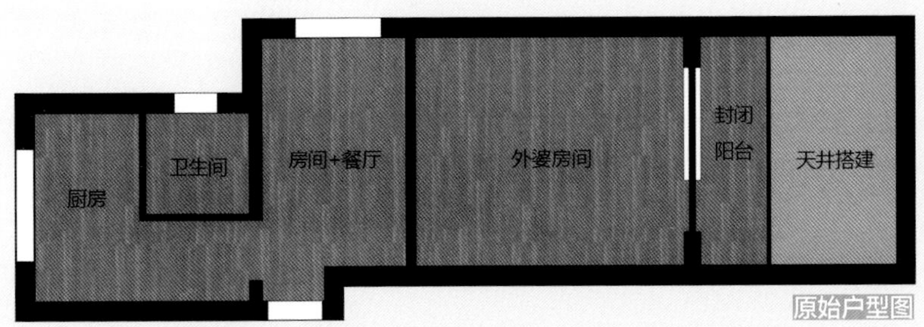

原始户型图

结合原始户型图来解析此户型改造的五大痛点。

第一，空间狭长窄小，采光差。改造前的房间是狭长的一字形，外婆的房间开七盏灯仍然很昏暗，阴雨天关灯更是黑漆漆一片，什么也看不见，用“伸手不见五指”来形容真的一点都不夸张。

第二，夫妻没有独立的生活空间。改造前的客厅兼作小夫妻卧室、餐厅，以及小夫妻日常工作区。为了更了解屋主的需求，设计师特意在屋主家客厅的床上住了一晚，一边感受屋主的日常生活，一边熬夜商量方案。在屋主家居住体验的一个晚上，年迈的外婆一共起夜七次去卫生间。由于户型问题，客厅这个空间即小夫妻的卧室是通往卫生间的必经之路，非常不方便。

第三，私密性极差。改造前的房间私密性极差，屋外的路人不时经过，会将屋里的情景一览无余，可以说完全没有隐私。

第四，厨房的门非常窄，且装修老旧。改造前的厨房门特别窄，仅仅 44 cm，成年人基本要侧身才能进出，很不方便。另外，改造前的厨房十分老旧，杂物堆积，屋主家人都已经习惯了蟑螂出没，十分淡定地抓蟑灭蟑，设计师却被迎面而来的大蟑螂吓了一跳。

第五，客厅功能混乱。改造前的客厅既是客厅，又是小夫妻的卧室、工作间，也是全家人的餐厅和会客厅。每天一进门看到的是一张大床，偶尔有客人来的时候，拿出来一张大圆桌当餐桌，基本上就没有什么空间了。在客厅的时候，各种声音不绝于耳——厨房烧饭的声音，外婆卧室较大的电视声音，大家在客厅聊天的声音——男主人根本无法专心工作。

第一次改造

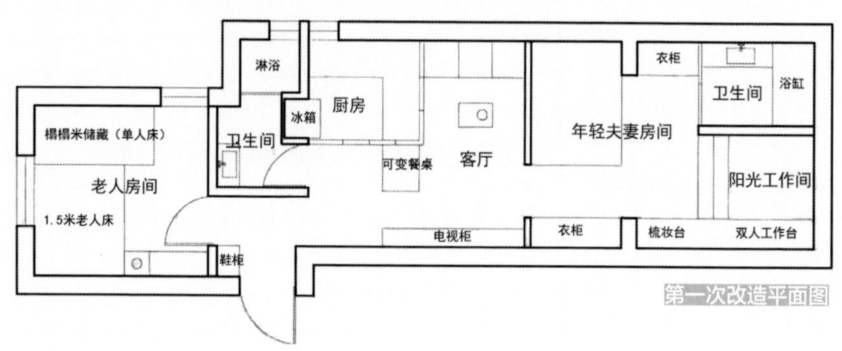

第一次改造平面图

这便是第一次改造的平面图。

第一次改造的重点是两室两卫。由于屋内面积小，为了不浪费每一寸空间，设计师希望能将卫生间的墙打掉一部分，但同时又必须保证自己的设计绝对安全。为此，他多次找物业、居委会、房管局等，四处奔走，遗憾的是没有要到原始图纸。认真负责的设计师不甘心放弃最优方案，特意去请教上海建筑设计研究院的高级结构工程师，肯定了自己设计方案的安全性和可行性。在得到专家的肯定后，终于可以在 43 m^2 的狭长空间两端开辟出两个独立的房间，并实现两室两卫。此方案既满足了新婚夫妇对于隐私性的要求，也考虑了外婆与小夫妻生活规律的不同，方便老人家起夜。

为了更好地向屋主展示设计意图，设计师还连夜制作了一个模型，供屋主一家参考，他们看过后都非常满意这个方案。于是，第一次改造正式开工。

整屋

厨房设置在客厅内，用可移动的玻璃移门分隔，增强采光，使厨房明亮洁净。在节日人多的时候，打开移门，搭配可变餐桌，可以容纳八九人用餐。

客厅与小夫妻的房间采用折叠隔断来连接，打开隔断，两者能合成一个更大的空间，满足更多人聚餐和聚会的场地需求，也为将来的宝宝预留出玩耍空间。

设计师将原本废弃的天井重新规划，划分出夫妻独立的卫生间和工作区。为了保证屋子的采光，设计师利用天井的高度差，在房间的上半部分安置窗户，工作区则采用玻璃顶，既时尚又明亮。

然而就在改造接近结尾的时候——此时硬装已经全部完成，瓷砖以及一些特别定制的家具都已经到位——改造遭到了邻居和物业的强烈反对和投诉，他们对设计方案的安全性提出了质疑。尽管我们的设计师反复多次向屋主和邻居说明，这个方案已经通过专家检验，是绝对安全的，然而最终，设计师没有保住这个方案。屋主一家要求恢复原状，拆掉即将完工的部分，这意味着大家的心血全都白费了。

改造究竟要不要继续？

第二次改造

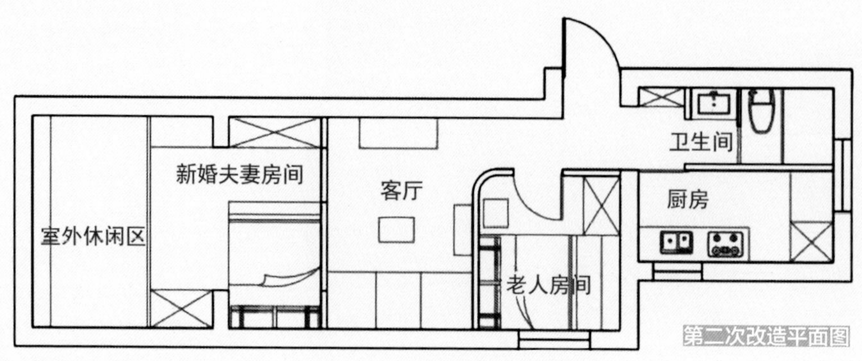

第二次改造平面图

第一次改造被迫停止后，想着自己熬了几个通宵设计的方案就这样被迫放弃，设计师觉得非常委屈、不解、无奈、气愤，也想到了放弃。但是，秉承负责到底的原则，他们决定重新开始。因为，他们接这个项目的初心是为了让这一家人生活得更好。于是，设计师又花了一天时间，连夜将新方案敲定，水电走线全部重来。

第二次改造的平面图展示了此次改造的重点是两室一卫。

由于房屋整体面积较小，设计师决定以白色为主，配合木色，提升空间舒适感和生活气息。考虑到紧张的工期，为了保证所有尺寸都精准无误，设计师亲自去定制符合新方案尺寸并兼具收纳等多种功能的餐桌、电视柜、衣柜、梳妆台、工作台和床。

客厅

进门处先是玄关，家虽然小，但是仪式感不能少。

客厅餐桌是可以伸缩变形的，可容纳十人用餐。收起来只占空间一角，客厅隔断合上时，空间显得较大。第二次的方案保留了原方案里小夫妻卧室与客厅隔断连接的设计，既保证了夫妻生活的私密性，又保证了家庭聚会对大空间的需求。

小夫妻的卧室

从效果图和实景图的对比可以看到床被隐藏在墙内。这个设计既可以将卧室和客厅连通，获得更多的空间，也为将来的宝宝预留了活动区域。把伸缩的隔断关起来，把床放下，这个区域就成了小夫妻单独的卧室，保证了夫妻空间的私密性。

设计师为小夫妻的卧室色彩添加了深蓝色，体现年轻人的现代时尚风格。

卧室左边是男主人的工作台，右边是女主人的梳妆台，让他们分别有了独立的空间，再也不会打扰到作息不同的外婆了。

外婆的卧室

在原方案客厅厨房的位置，设计师给外婆砌了一间单独的房间。因为外婆 80 多岁了，身体不好，睡眠也浅，夜里经常起夜去卫生间，因此外婆的卧室靠近卫生间、客厅和大门，减短日常生活动线，方便老人行动。

从第二次改造方案中外婆卧室周围的布局可以看到，老人一出卧室就可以到卫生间，十分方便。

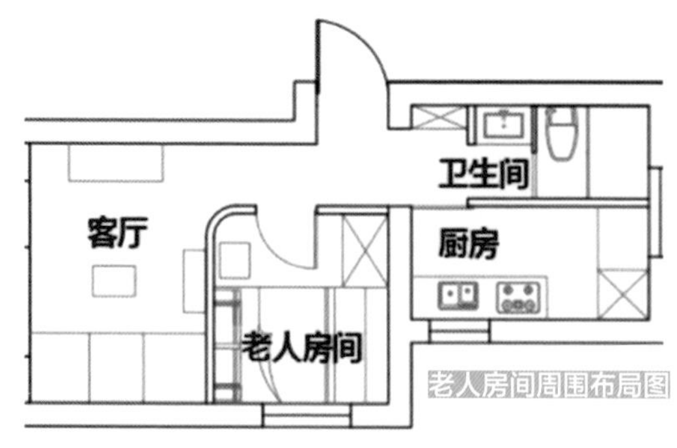

老人房间周围布局图

给外婆房间选择暖色的同时，加宽了房间的窗户，增强采光，让老人多晒太阳，保持心情愉悦，双人床设计也方便了经常需要照顾外婆的妈妈。贴心的设计师把原来房间墙上挂着的外公外婆的合照重新清理装裱后，挂在外婆新卧室的墙上。

外婆卧室的床头柜上布置了鲜花和照片。灯源开关也全部设置在床头，卧室和走廊都设置了感应灯，让老人夜晚频繁起身更方便、更安全。另外，设计师特意将外婆房间的床下一层完全做成储物空间，方便外婆日常收纳。

厨房

设计师将厨房和卫生间重新归位后，根据动线，将厨房格局重新规划。

厨房采用单水槽盆，更实用。水龙头是抽拉式的，方便清洗。

卫生间

重新装修过的卫生间不仅敞亮整洁，而且在功能上实现了干湿分离，多人使用更加方便。卫生间水龙头有感温灯，更贴心安全。

休息区

天井区原本是废弃的，堆满了各种杂物。改造后，设计师将其改为浪漫的室外休闲区，打开定制的挂壁柜可以当桌子用。

从房间里望向天井，清爽的场景一下子让人心旷神怡。

02 迷你时髦单身公寓，六大功能区一个也不能少

房屋信息

所在地	四川成都
户型	1 室
面积	26 ㎡
设计师	壹阁设计
费用	6 万元
装修时长	4 个月

改造亮点

由于空间和预算的限制，无法使用最优的设计来利用 3 m 的层高。但“盒子”的启示让本案例的设计别具一格，所有的设计无不围绕“盒子”展开，增加了充足的收纳空间，并实现空间利用最大化。改造后的房间充分发挥了小户型的优势，精致且具有多功能性，堪称小户型改造的典范。

设计师说

一个 26 m^2 的空间能将功能做到怎样的极致？一个私人家庭影院，一个会客厅，一个能容纳六七人就餐的餐厅，一个独立的卫生间，一个开放式厨房，一个书房……在一个充满了未知的神奇“盒子”里，什么都有可能发生。

户型图

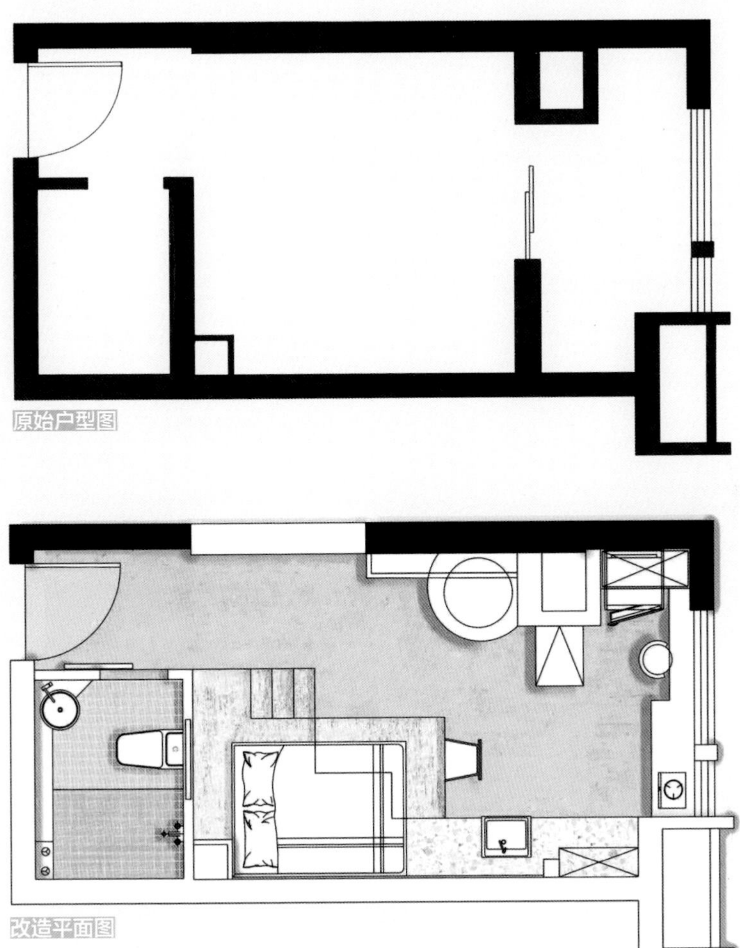
原始户型图

改造平面图

上面两图为原始户型图和改造平面图。

在看到户型图的时候，设计师做了很多预想。原本 3 m 的层高，可以搭建出很多有趣的空间，但是因为预算有限，一定要在有限的空间内实现无限的功能。最终推翻了大概十几个预想，在一个意外的时刻，突然得到了“盒子”的启示，整个房间主体便围绕“盒子”展开。

客厅

在床的一侧做了上拉隔板，柜内主要存放四季所需的床单、被套、被褥等。如有朋友来家中做客，收起被子，这里瞬间就变身成为一个榻榻米会客厅。拉上窗帘，打开投影仪，它也可以是一个私人家庭影院。

卧室

小户型能用的空间很有限，因此在不影响结构安全的前提下，敲掉了卫生间原本厚 24 cm 的墙体，新建了厚 12 cm 的墙体，在有限的 26 m^2 中“偷”了 0.3 m^2 的空间。

整个床体被抬高，这里是一个可睡、可玩、可储物、可吃饭的空间，躺在上面，就像睡在一个巨大的盒子上。床下的储物空间相当于一个 3 m 长衣柜的储物量，另外利用上床的阶梯做成了鞋柜，阶梯旁的镂空区域也可以作为书柜使用。上述整个空间只占用了通常一个双人床和床头柜的面积。

整面洞洞板是一处集美观性与功能性于一体的经济实用的收纳之地，可以根据自己的喜好任意组合。不用花钱做展示柜，朋友们一进门便能看见你的收藏品。

床下每一个柜体都是可以单独拉出来的储物柜，可以将自己的衣服挂在里面，也可以做储物叠放区域。柜体宽度达到 700 mm，比一般衣柜更宽，放置通常大小的行李箱毫无压力。

餐厅

床下的储物柜还有一个隐藏功能，柜体完全拉出后，它就变身成一个长 180 cm、宽 70 cm 的餐桌，最多可同时容纳六七人就餐。房间再小，屋主也可以在家里宴请朋友。

厨房

收纳篮的位置是洗衣机的位置，上方仅有的空间台面用作厨房操作台。可惜在拍摄的时候电器没能备齐，所以冰箱、洗衣机和嵌入式电磁炉都遗憾地没能入镜。从设计图中可以看到洗衣机应在的位置。

厨房的操作台面采用了简洁大方的颜色，为室内增添了一分亮泽。上方增加了展示物件的置物架，组合摆放更添美感。

左侧竹篮下面是预留好的嵌入式电磁炉的位置。这里提醒大家一点，不论多大空间，在前期都需要注意电位的排布。厨房区域尽可能多留电位，专区专用，提前规划好要用的厨房小电器，最好能多预留 1 ~ 2 个插座。再扩展一点来说，怎样储物、怎样生活、怎样去玩、怎样方便，在设计初期就要做好详细的规划。

我们利用墙面小桌板做了一个二人就餐区，用完了可以收起来，不影响其他功能区的使用。

书房

一区两用，窗边是书房工作台，旁边就是定制的小桌板，转换自如。

坐在这里阅读、办公，光线非常舒服。吧台的窗户边缘嵌入了上拉式的百叶窗，通过调节百叶窗，可以控制房屋的光线，保障私密性。

卫生间

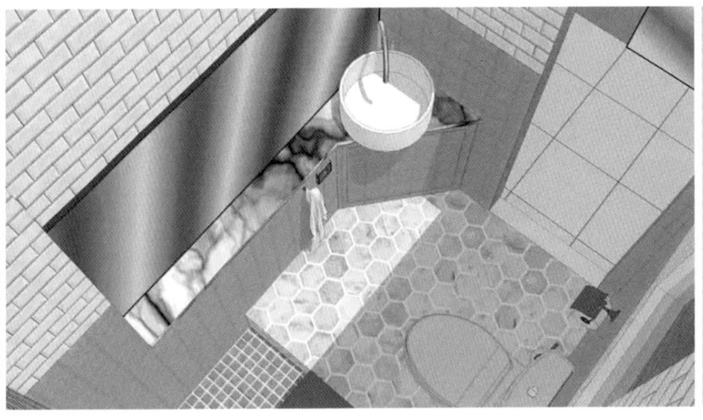

越小的空间越要认真规划，关键就是看如何设计。让它与你的生活发生关系，变成一个有用的空间，这也是特别重要的一点。比如卫生间就是这样一个需要认真规划的空间。

我们设计的卫生间，在拐角的位置最大限度地利用空间做了一个洗手台。另外，在这里使用谷仓滑轨门，就不用再纠结小空间卫生间门到底是内开还是外开的问题了。

在现场由于尺寸问题拍不到全景图，可以从俯视效果图感受一下整个空间。在回填下沉区的时候，利用原本的落差将淋浴区做成了下嵌式，这样便不需要挡水条，可以用浴帘直接隔断。

另外，使用过暗卫的朋友一定能够体会，在一个永无自然光的密闭空间上厕所是一件多么无奈的事情。解决方法就是在新建的墙上“挖出”一个窗洞，使用磨砂玻璃既能透光，又可以保证私密性。如果预算较高的话，可以考虑用透光的玻璃砖，效果会更好。

走廊

墙面的分色激发出了空间的层次感和趣味性，不需要买多余的配饰挂画，它自己就是丰富且美观的。

我们原本在墙上设计了一个晾衣杆，从原始效果图可以看到它会从顶面呈 U 形延伸下来，可最终因为预算未能实现，算是一个小小的遗憾了。

03 空间整合一体化，实木打造“木质博物馆”的家

房屋信息

所在地	上海浦东
户型	2 室
面积	64 ㎡
设计师	木木卡
费用	25 万元
装修时长	5 个月

改造亮点

在房型方面，本案例的最大亮点是空间功能区域的整合，不但使空间显得大而通透，还让生活动线格外流畅。在色彩风格方面，屋主男性审美的要求让空间增加了许多阳刚气质。特别是通过色彩、材质的搭配，改造后的家仿佛一个“木质博物馆”。

设计师说

屋主是一名单身的外企白领，一年中有一半时间在世界各地奔波。第一次与他聊关于未来家的想法时，我就锁定了温暖、理性、质感、克制这几个词。初步沟通后，屋主对我们也很信任，让我们大胆发挥，为他量身定制一个有个性的空间。

屋主对材料有近乎苛刻的要求，一定要以实木为主，沙发座椅要用皮质，并且希望有单独的衣帽间和配有整面书架墙的书房。方案、选材和工艺包括软装方案，在实施过程中都经过了多次探讨调整。经过五个月的漫长营造，最终软装和硬装的全部预算确定为 25 万元。

户型图

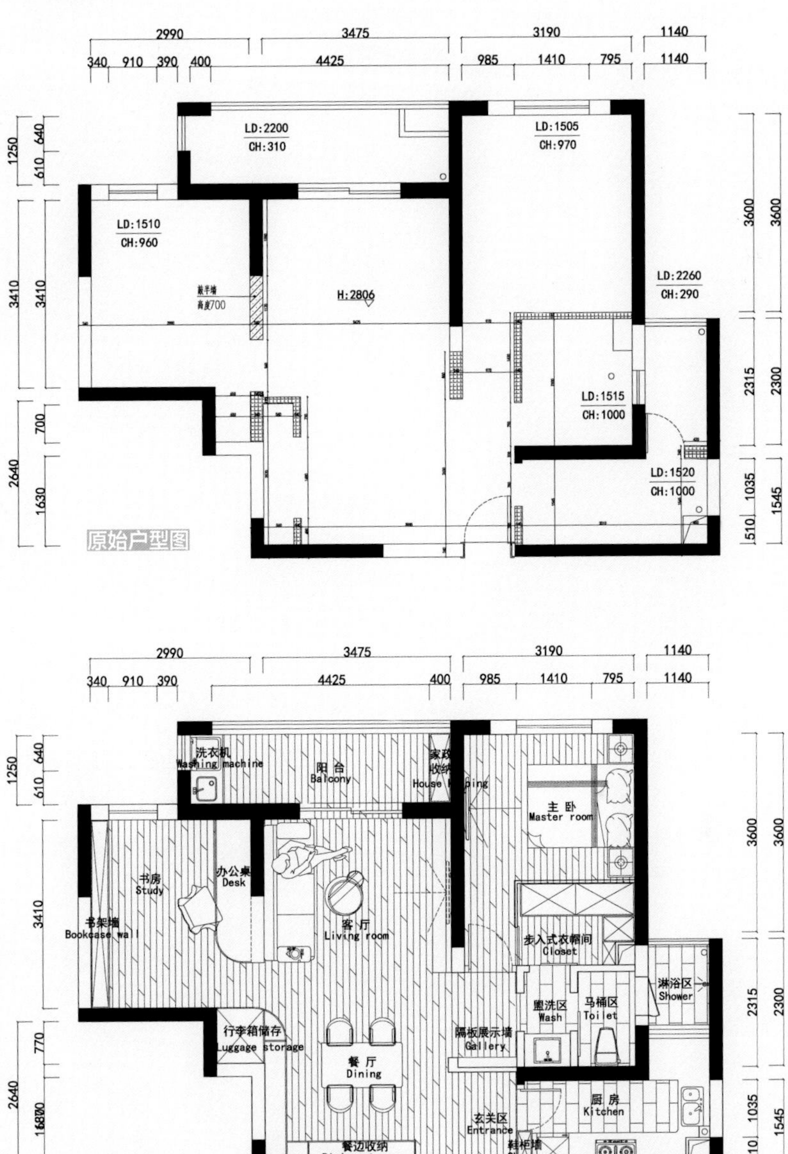

通过原始户型图和改造平面图可以看到设计师对空间的规划。从结构来讲，虽然拆除了部分墙体，但总体来说并未大刀阔斧地改造，然而通过空间区域的整合，一样可以达到让空间焕然一新的效果。

玄关

进门后，玄关照壁的画挑了很久，最后选定的木板拼贴画令屋主非常满意，他说这幅画有一种“天地人和”的意境。在玄关照壁的左右分别布置着玄关、厨房、餐厅、客厅、衣帽间，可以看到由一面墙组织起来的一整条生活动线。

厨房

充足的照明设计、统一的横纹纤织木爱格板、哑光面包砖和浅灰色六角形砖的组合搭配，化解了一字形封闭式厨房给人的闭塞拥挤感。极简超白的玻璃厨房门将厨房的通透感极致地体现出来，灰色地砖与白色墙砖搭配组合，同样有拓宽空间面积的视觉效果。

餐厅

餐厅的改造亮点在于将木质、皮质和金属质感的单品混搭在一起，瞬间凸显空间整体质感。

大容量餐边柜可以满足屋主藏酒、展示酒和器皿以及一系列聚会用品收纳的需求。其弧形处理的作用是打造连续性空间，在后面具体介绍。餐边柜的细节很精致，爱马仕灰大理石收口与橡木实木热压贴面面板组合在一起，显得十分稳重。

此外，我们挑选了极具男性审美的胡桃木款餐桌，搭配的餐椅形状也均为屋主热爱的硬朗线条，结合皮质包裹，舒适感十足。再搭配一字排列的玫瑰金吊灯，整体空间呈现强烈的厚重、稳定之感，品质中带有舒适和活力的元素。

客厅

客厅的改造亮点在于，一是客厅与书房采用半开放式设计，增加了空间的灵动感；二是弧形处理让空间之间过渡得更加流畅自然；三是电视柜做了悬空设计，减少清洁死角。

经过整合，客厅弧形转角后的沙发背景墙与书桌以及屋主需求的一整面实木书架墙得以实现。另外，我们做了正式的电视墙造型。黑色丝绸纹理砖与橡木饰面板对缝排列，中间通过 20 mm 宽的 U 形黑色拉丝铝合金卡条做衔接。预留了对角线 152.4 cm（60 寸）电视机的厚度和宽度，高度则在现场根据屋主在沙发上的坐姿进行定制，并保证完成后背景墙与电视机屏幕在同一平面。下部的电视柜是一字形悬空做法，无打扫死角。电视柜的整体厚度为 350 mm，突出背景墙的部分是 250 mm，配合灯光，形成严谨硬朗的现代风格。我们第一次向屋主介绍这个方案的时候，强调男性审美的屋主就拍手叫好。电视柜材料交接处与收口细节也可见定制的品质。

因预算限制，我们选择了宜家最具性价比的一款真皮沙发。本着实用、轻盈、具多种组合性又不失硬朗质感的要求，最终选择了一款性价比很高的胡桃木贴面配铁艺收边的组合茶几，不同的高度、大小与可移动性，满足了屋主喝茶、聚会以及在阳台休闲、在书房看书的全部可能性。

书房

书房的改造亮点在于，一是将沙发背景墙拆掉一半，保留了剪力墙，通透性与私密性双高；二是利用立面空间打造全墙面开放式书柜和展示柜。

公共区与半开放书房之间，为了动线与视线顺畅，通过弧形转角连接餐边柜与行李箱储藏柜，弧形转角使用橡木木皮手工贴制。通过计算，收纳柜面板预留好厚度，在工厂热压同种木皮至柜门，实现连续统一的木质界面。

沙发背景墙拆掉一半后，利用拆除区域创造“收银台”空间，与半开放书房之间形成一个“瞭望口”。外开内合，通透性与“老板位”共存。这两处设计也是屋主最欣赏的部分。

由底部悬空、榫卯结构的橡木指接板组装的整体书架墙，在提升整个空间文化

氛围的同时，还可继续摆放展示屋主从国外带回来的纪念物等，在家中创造出除展示区照片墙外另一个具有个人精神特质的空间。

此外，窗外搭板延伸了一小块花架，窗内是插入墙体固定的橡木隔板，以及为屋主打造的阅读角。办公桌为整块定制的 30 mm 厚橡木指接板，强度足够在墙体固定后完全悬挑。转角做大直径弧度切割打磨，与书房、餐厅间的弧度形成双曲线流动空间。

三分离卫生间

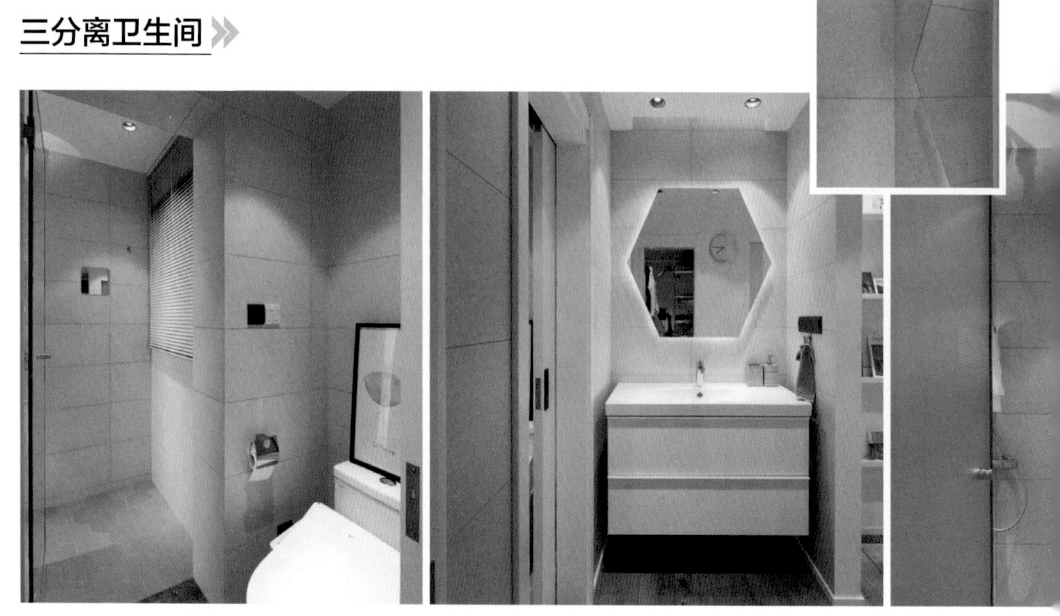

三分离卫生间的马桶区墙面，浅灰色水磨石砖体现了一种冷静克制、硬朗稳定的男性审美。

淋浴区由原来通向厨房的阳台改造而成，于是“鸡肋”空间变身为宽敞明亮、通透又不失私密性的独立淋浴间。磨砂玻璃隔而不透，百叶窗处理与厨房的关系，自由调节通光量与私密性。

盥洗区由自制带灯化妆镜、洗漱台、盆柜组成，墙面同样是水磨石砖，在巧妙的灯光布置下，显得清爽、硬朗、明亮。墙面上“悬浮”的玻璃，仿佛“湖面”与水磨石“滩地”，这样的场景意象再次体现了建筑职业精神。从镜子中可以看到背后通往衣帽间的另一动线。

展示区

我们通过在展示区加砌一面照片墙来处理入户门正对卧室门的问题，一打开卧室门便可看到这面墙，它有效阻隔了视线，增加空间私密感，维护家中的精神核心。

照片墙的另一边是三分离卫生间。展示墙展示的内容灵活多变，可以是屋主出差时收集的各国明信片、画作，也可以是他喜欢的摄影作品、书籍杂志等。

衣帽间

一字形衣帽间内使用了可以调节的衣架系统。两个移门形成卧室、衣帽间、卫生间、隔板展示区和卧室的环流动线。

卧室

衣帽间压缩了一部分卧室空间，但动线更加合理。

卧室内整体制作了带有灯带的实木床头板。因成本原因，选择定制接近色的板材床架。床的周边预留好走道与窗帘空间，可以说这个休憩空间紧凑而不局促。

灰色床头背景墙上不做固定打孔，可自由变换摆放喜欢的画作。床头灯颜色为玫瑰金色彩的再一次运用。

阳台

我们将阳台的一侧打造成洗衣区，另一侧打造成家政收纳区。

一组黑胡桃铁艺茶几，分散成三组小边几来营造空间。屋主由阳台看向室内，感叹这就是他想要的“一座精致的现代木质博物馆”。

04 双层空间功能强，日式风格的家中隐藏大招

房屋信息

所在地	北京昌平
户型	1 室
面积	43 m²
设计师	陈大为（和木设计）
费用	23 万元
装修时长	—

改造亮点

本案例较为独特的地方是居室分为两层。一层作为屋主一家人主要生活的地方，用榻榻米打造了一个功能强大的客厅；二层是孩子睡觉、玩耍的地方，为免去传递物品的不便，用滑轮打造了一个传递装置，增添了一丝趣味。整个房屋主要使用木质材料，风格偏向于日式风，加之选用沉稳的橄榄绿色，整体给人以平静、安详之感。

设计师说

储物最大化，空间共享——只有小户型的软肋得到有效解决，优势才会凸显出来。屋主从小在北方生活，睡过大炕，出于对儿时的怀念，也出于对祖先席地而坐的向往，选择了偏日式的东方风格。

户型图

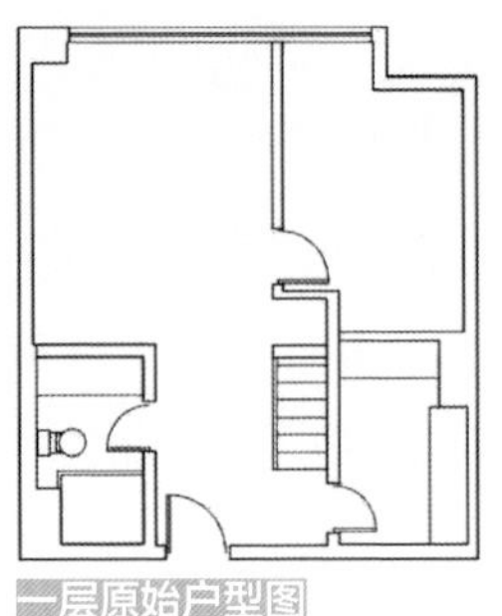

一层原始户型图

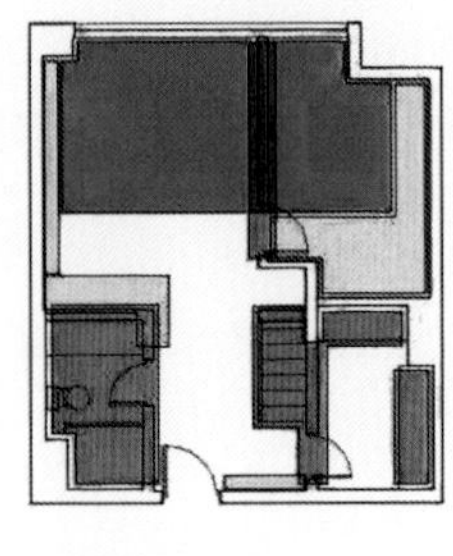

一层改造示意图

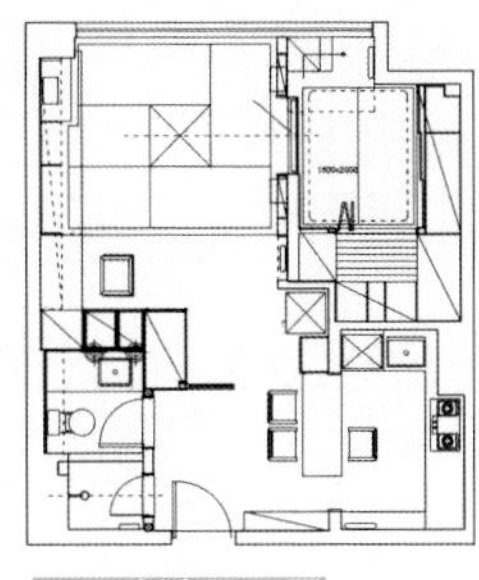

一层改造平面图

一层原是标准的一室一厅，虽为精装，但空间利用率低，显得很局促。原户型中每一个空间都很狭小，没有体现小户型一空间多用途的特性。所以我们首先实施了大面积的拆除，一层改造示意图中红色是拆除部分，黄色是新增储物功能区域，蓝色是榻榻米位置。

改造后的一层除了基本的储物功能外，还为屋主一家三口打造了从容自在的生活空间。改造设计明确了门厅位置，实现了卫生间干湿分离，打通厨房，位移楼梯，并在原楼梯处设置了餐桌，还增加了 14 m^2 的多功能榻上空间。

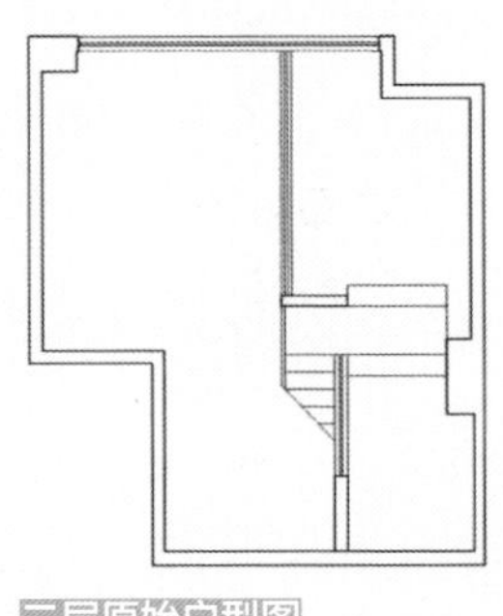

二层原始户型图

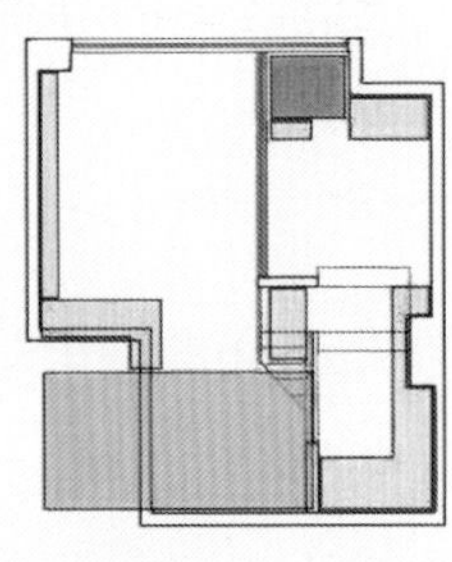

二层改造示意图

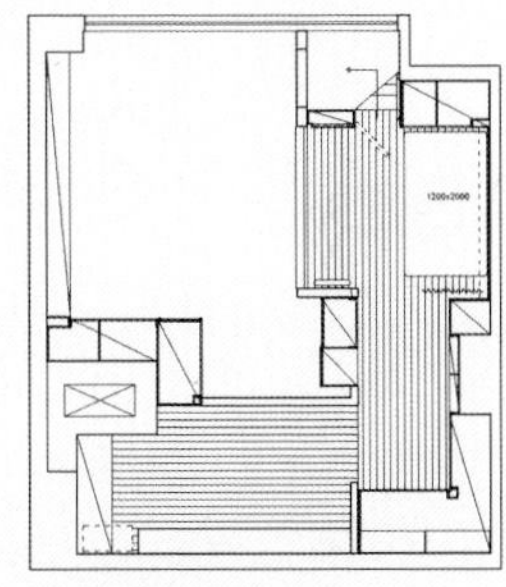

二层改造平面图

二层原始户型面积相对于一层要小一些。二层改造示意图中绿色是二层新增面积，红色是二层平台重新开洞做楼梯的位置，黄色是储物空间。

改造后的二层现在用来做孩子的生活空间，因此在入口处利用卫生间顶部的闲置空间，用钢结构重新搭建了楼上面积，作为孩子在楼上的游戏和阅读场所。二层改造平面图右上是孩子睡觉的地方，包括常用衣柜；左下为新增面积，是游戏和阅读的空间；右下是储物空间。

改造前

原结构为精装，但空间利用率较低，空间分隔呆板。但好在有一面大的落地窗，采光好，视野开阔，还有近 4 m 的层高。二层空间不是很大，地面也高低不平，空间很零散，但优点是相对独立。

我们拆除了卫生间，释放了顶部的闲置空间，用钢结构搭建了楼上面积。改造中，我们使用了大量橡胶木集成板。

玄关

玄关主墙面是东方风格的镂空木隔扇，有似隔非隔之意，既划分了门厅区域，又避免了入户门正对窗户的问题。紧贴入户门的是白色鞋柜，中空的壁龛可使柜体的体积感削弱，且用处多多。

玄关左侧是干湿分区的卫生间，右侧是敞开式厨房。卫生间门嵌有镜面，可让空间有一定延伸感，同时也有穿衣镜的功能。

客厅

空间面积虽小，但挑高优异，还有一整面落地窗，视野开阔，日照充分。写到这里我想说一点，设计师要善于发现空间的特质，扬长避短。当亮点被点燃后，每一个空间的美都是独特的。

这里有书桌、书柜，可以当成书房来使用。然而这么高的书柜，怎么够得着上面呢？我们在设计的时候早就想到了，只要利用厨房里的餐椅，就可以叠出一个“梯子”。

客厅上方悬挂着吊灯，可见只要高低错落恰当，普通的吊灯也会显得很轻灵，富有禅意。

屋主学佛，虽然屋内面积小，但我们还是为他安排出来一个佛堂，而且是在最好的位置。桌面连通着佛堂，石佛的自重让桌面挑空部分受力均匀。

电视机是隐藏起来的，嵌在卧室的推拉门内，DVD 及功放机（即扩音机）、小米盒子等设备都在佛堂的下面，这些都需要提前布线。小空间的硬伤被无所不在的柜体化解。柜体代替了墙体，储物空间多得超乎想象。

沙发并不是必需的，任何一个令人放松的空间都可以用来休息。榻榻米源自中国，实用与美观并存。14 m^2 的榻榻米，可以读书，可以玩耍，可以品茶会友，还可以坐看窗外风雨，榻上可谓充满了浓浓的惬意。

墙面的绿色和木色象征着森林，显得清新自然。不过绿色有千百种，为什么非要选橄榄绿？一是取其沉稳之意，二是为了和其中一盏吊灯的灯罩相呼应。

卧室

卧室的两面墙都是衣柜，折叠推拉门则是一个迷你的步入式衣帽间。

卧室在白天不太显眼，看似客厅的延续。当夜幕降临时，柔和的灯光营造出温馨的氛围，卧室的魅力方才真正显现。

餐厅

115 cm 高的餐桌既是吧台，又有书桌功能，还分隔了门厅和厨房。敞开式厨房非常适合小户型，但如何处理油烟却令人头疼。在这里，我们用一幅纱帘解决了这个问题，别看有点薄，但对这个空间来说足矣。

餐桌边上的玻璃展柜虽然不大，但满满的都是生活印记。所以说生活里的情趣不在多少，就看有没有用心。

卫生间

卫生间功能齐备，特别是储物功能，连天花板上都有储物架。左下角是猫砂盆专属空间，“猫奴”们都知道它的作用。

卫生间干区面积虽小，只有 2 m^2 多一点，但通过地面马赛克的点缀，加上灯光处理以及之前拆除的木地板在墙面和天花板的铺贴，营造出暖暖小木屋的感觉，使小空间显得更加精致，像块花布，且黑白马赛克动感十足。屋主每天回家的时候，透过门厅的隔扇，踩在别致的地面上，心情像打开礼物的包装纸一样充满期待。

儿童房

楼上完全是孩子自己的空间。床和衣柜一起，加上晚上的闭合布帘，围成舒适的睡眠空间。

木制护栏既结实承重，安全性强，又可使空气无障碍流通。两边是衣柜和玩具柜——一个可以钻进去玩的玩具柜。妈妈是个超级收纳爱好者，让所有玩具都各有其位。玩具柜门同时也是楼梯户门，中间的圆洞既可透光，也可使猫咪来去自由。不过，为什么玩具柜的中间有个浅浅的玩具架呢？这是因为它的背后是楼下厨房的排风管道，占用了一些空间。

这里还有一个神奇的装置。因为小孩在楼上玩耍，妈妈要送零食很不方便，得楼上楼下不停地跑，所以我们为此设计了一个滑轮装置，安装在二层天花板上，方便传送食物。结果这个装置得到了来屋主家里做客的小朋友们的一致好评，竟成了娱乐的重要环节。

05 乾坤大挪移：功能区重新布局拯救“老破小”

房屋信息

所在地	上海浦东
户型	1 室
面积	39 ㎡
设计师	AWAY 设计生活
费用	15 万元
装修时长	3 个月

改造亮点

户型方面，通过改造重新安排了户型中的几大区域，将屋主用不到的次卧去掉，为其量身定制了合理的空间布局，新开辟了衣帽间、书房等。利用门洞和窗洞将主卧与次卧联系起来，还将卫生间的门改变了方向。另外，在阳台上打造了榻榻米，充分发挥其采光优势，成为全屋亮点中的亮点。

设计师说

朋友在上海看上一套房子，面积不大，仅 39 m^2。房子虽小，但在上海总算有了个家。朋友满怀期待，希望这次我能帮她好好设计一下。于是，我们一起去看她新家的状况。

房子是 20 世纪 80 年代的老公房，南面有一条小河流过，河边偶尔有几个钓鱼的人。小区的老人喜欢坐在河边纳凉聊天。进了楼栋，上到六楼，便来到了她家。她告诉我，因为原屋主拆家电，屋里有点乱。

户型图

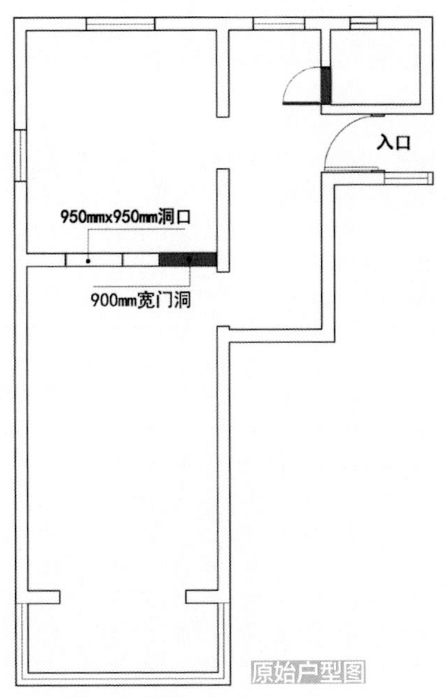

原始户型图

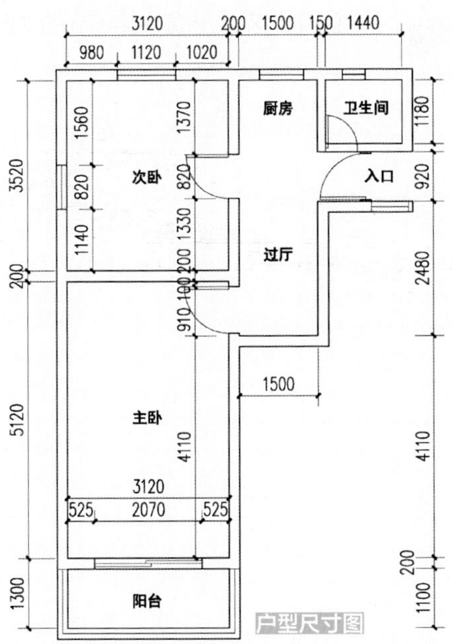

户型尺寸图

从原始户型图、户型尺寸图及现场调研来看，房间整体硬件基础不错，最大的特点是窗户较多，采光和通风极好。

跟朋友仔细沟通之后，了解了她的改造想法。首先，朋友的父母在老家上班，很少过来，所以房子是她一个人住，偶尔会有朋友来访。其次，她希望有一个大一点的厨房，可以和她的朋友一起下厨或招呼三五好友一起聚餐。再次，她希望有一个工作学习的地方，可以在家办公或窝在沙发上读书看剧。最后，朋友希望有一个衣帽间，可用来穿衣打扮，东西再多也不会显得太乱。结合她的需求，我开始进行设计。

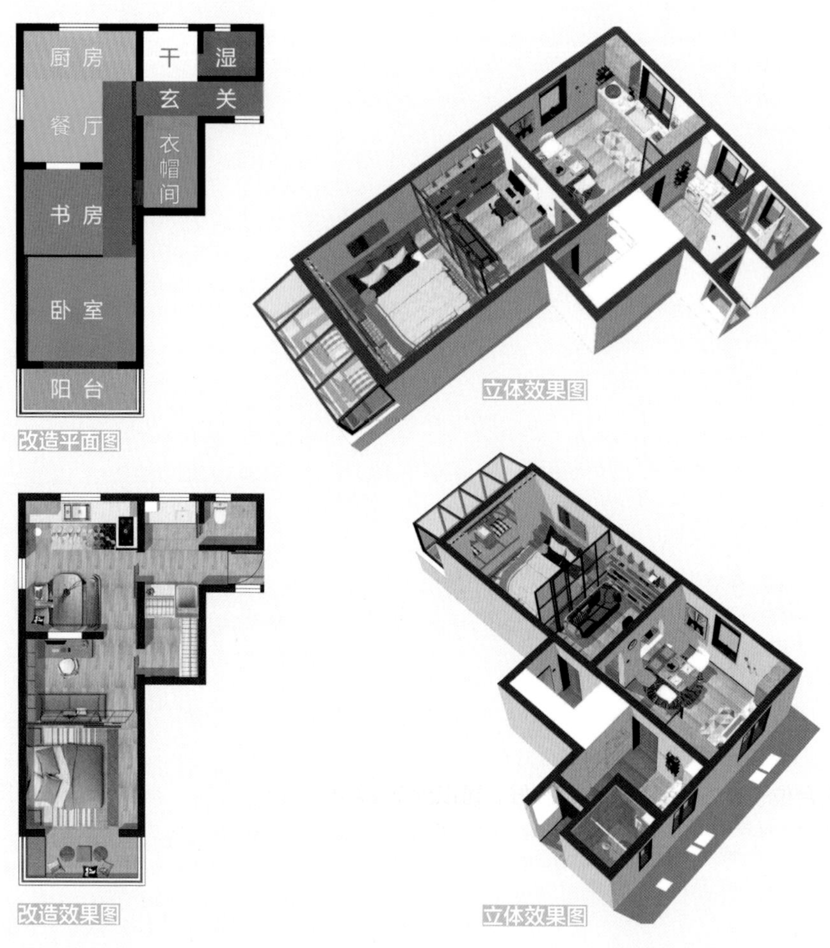

从改造平面图可以看出：首先将两室改为一室，在原主卧和原次卧之间的墙上开一个门洞和一个窗洞，将两间卧室直接联系起来；其次是把卫生间门换了一个方向，使之开向原来的厨房。

从功能划分来看，原来厨房的位置改为洗漱区和洗衣区，次卧改为开放式厨房和餐厅，主卧隔出书房和卧室，过厅做成衣帽间和玄关，阳台则做成榻榻米，作为休闲区。

从改造效果图来说，空间布局整体看起来更直观，而且视觉上也舒服了许多。

从立体效果图来说，木饰面墙将餐厅门和衣帽间的门隐藏并联系起来，同时在卧室做木饰面护墙板与之呼应。

改造前

进门后右手边是卫生间，空间小，好在采光、通风不错。往前走几步便是厨房，仅能容纳一人，同样有个独立的窗户，留下了改造的可能。厨房左边是过厅，连接南北两个卧室，比一般的走道宽些，只做走道实在浪费，处境尴尬。次卧有两个窗户，让朝北的空间显得格外明亮。阳台位于顶楼，采光和视野较好，可以欣赏 270° 风景，显得十分通透，阳光可以从上方照射进来，提亮空间。主卧面积稍大，阳光能照到卧室的最里面。

改造过程

设计做好后，开始改造施工。由于预算有限，朋友没有找专业施工公司或工长，而是选择了零工，我除了负责设计外还兼职“包工头”，后面更是做起了施工员。高标准、严要求的我为了插座面板能和小白砖对应起来，差点跟泥工吵起来。但想要达到设计的效果，作为设计师，应该有自己的坚持。当然，这也需要保证设计本身是可以通过施工实现的。

由于房子在顶楼，屋顶有些老化，还有裂缝，因此做最薄的吊顶，尽量不影响层高。地面则有些高低不平，为了找平地面及提升舒适感，选择做架空地板。

玄关

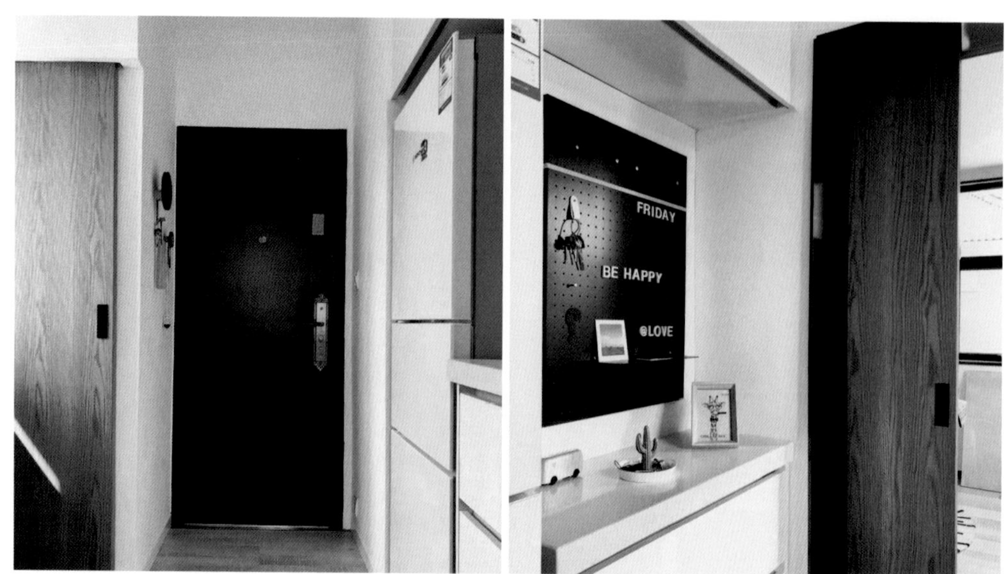

房门入口只有 900 mm 的宽度，因此只在玄关处的墙上设置了几个简单的挂钩，满足挂包、钥匙或围巾的需求。鞋柜上方设置了洞洞板，放置一些零星的物品。为了节省开支，黑色的金属门套是在网上购买并由我亲自安装的。

洗漱区和卫生间

由于卫生间内空间有限，因此选择了移门的形式。移门关闭时，这里是洗漱区，移门打开后能看到马桶区，所以移门也起到了分隔干湿两区的作用。洗漱台上的吊柜隐藏了原来的煤气表，同时可作为储藏空间使用。

厨房

厨房选择了黑白灰的色调，让整个空间显得更加整洁。瓷砖贴到墙面一半的高度，避免瓷砖元素过于抢眼。由于厨房是最容易显得杂乱的地方，所以在选择厨具、储藏罐等物品时，更加注重整体外观协调。

餐厅

餐桌除满足就餐需求外，也可以作为工作台来使用。木饰面板暗藏了餐厅和衣帽间移门，形成整体背景，把餐厅和书房两个空间联系起来。

书房

书房空间有限，满墙的书架提供了足够的图书容量，一个书桌满足家庭办公的要求，一个折叠沙发既满足了日常的坐卧需求，又可以在亲友来访时解决留宿问题。这样一个舒适的空间，既可在桌前办公，也可以窝在沙发上喝茶看书。从书房走道回望厨房，可以看出来两个空间的关系。

衣帽间

衣帽间隐藏在移门之后，平时并不会注意到。衣帽间内部整洁有序。

卧室

卧室内原本设计了护墙板，但由于经费原因而舍弃了。床头的铜吊灯有装饰的作用，不过由于氧化，原本的金黄色现在有些发暗了。

阳台

阳台和卧室连在一起，一个全玻璃的榻榻米阳台发挥了空间的采光优势，显得格外透亮。午后在这里看看书、喝喝茶，感受河边的微风，再惬意不过了。

新房就这样迎来了新的主人，更多的美好等待着她去发现和创造。

06 老屋大变身：祖孙三代温暖家园改造记

房屋信息

所在地	上海长宁
户型	2 室
面积	30 ㎡
设计师	恒田设计
费用	18 万元
装修时长	—

改造亮点

户型方面，为了增加房子的整体空间利用率，将原有墙体部分拆除，原一室一厅改为两室一厅，使空间更加实用，且符合屋主的实际生活需求。色彩方面，使用原木色与灰色调的组合，搭配跳脱出来的绿色，让空间显得清新自然。此外，空间内摆放了多功能性的家具，如一物两用的沙发床和可拉伸的餐桌，这些都是小户型中非常实用的“神器”。

设计师说

总有人问：生活是什么？

也许，我们只能给出这样的答案：生活是一湾小溪，它跟随潮汐的起落和日出日落的变幻形成不同的样子，但它的本质，从来都是由各种细节组成的。就像是一朵花里的泥土、镜子中反射的阳光、藤椅上的木质纹络、乌发中的一缕银白、心里悠悠往事中的一抹片段一样，生活从来都不是材料的堆砌，而是由来自世界万物所折射的精彩形态构成的。

户型图

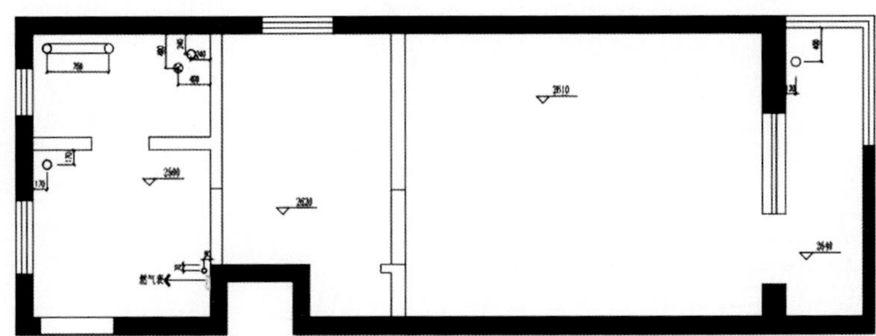

原始户型图

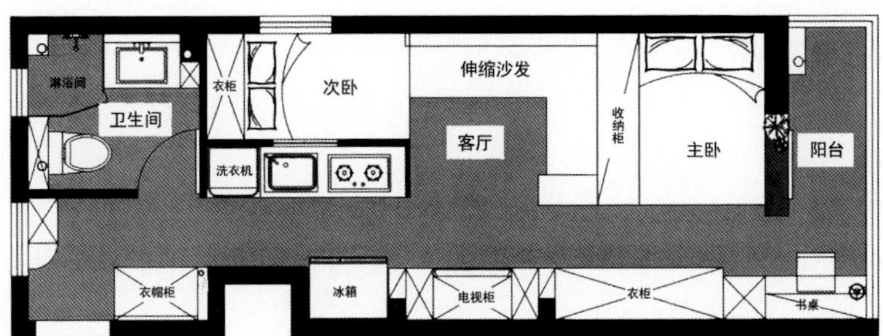

改造平面图

从原始户型图来感受一下改造前的主要痛点。

首先，房屋的原始结构为一室一厅，进门便是拥挤狭小的厨房空间。

其次，卫生间没有干湿分离，只要一洗澡，水就溅在地面上，流得到处都是。

再次，客厅空间局促，一家人吃饭时，只是放一张小小的餐桌就已经转不开身，更别提请朋友来家里聚会。

最后，原来的阳台是开放式阳台，每到冬季，冷风从阳台吹进来，室内格外阴冷潮湿。

从改造平面图可以看出，改造方案拆除了一些墙体，并重新进行空间划分，详情将在各部分的具体介绍中进行讲解。

客厅

改造前的客厅，空间十分狭小，住宿、吃饭、会客等活动全部要在这个小小的空间内完成，甚至休息的地方都会显得局促。为了照顾屋主一家人的全方位生活感受，设计师决定按照不破不立的道理，将改造进行到底。于是，改造的第一步选择了“拆”。

为了增加房子的整体空间，设计师将原有墙体进行拆除并重新定位，主体位置将原一室一厅的房间变成了两室一厅。原木色与灰色调融为一体，跳脱的绿色餐椅则带来了清新自然的感觉。

客厅的沙发床一物两用，通过拉伸，可以实现卧室床的功能，专为寒暑假赶来的外孙女准备。而屋子里的镜面设计，则是考虑了老人的身高后特意打造的视觉延伸工具。毕竟这样看起来，整个屋子貌似又变大了一些，人的心情也会更愉悦。此外，这里还设置了可拉伸的餐桌，可以满足 6 ~ 8 人同时就餐。

厨房

改造前的厨房空间狭小，设备无法齐全，只能做简餐。对比现代的诸多厨房来说，这里未免显得寒碜了一些。那么怎样让它获得新的生命力呢？

最主要的就是增加它的空间。改造后的厨房区域内，在满足洗、切、炒这些基本需求的同时，还增加了洗碗机、墙面置物架、净水机等设备，原木色的洗碗柜做了上下分层设计，扩大整体的使用面积。明亮干净的灶台，可以让下厨成为一种乐趣。

卧室

改造后的房子新增了主卧空间。作为整个房子的核心，主卧集合了睡眠、收纳和工作三大功能，良好的采光能保证睡眠质量与工作效率。

对女主人来说，书架上的竖格是可以将窗外阳光收集起来并均匀分布的小法宝，惬意的生活就从这里开始。读书、办公甚至哪怕只是品一杯茗茶，都有一种享受时光的感觉。

新增的次卧空间位于沙发旁边，再旁边有一个窗户，保证良好采光。后面有一个嵌入式衣柜，可以扩大空间的使用面积，小夜灯的设计十分贴心。

在小夜灯之外，嵌入式的床头柜也是设计的一个亮点。它既节省了本就有限的空间，又最大限度地保证了生活的方便与品质。

最后，考虑到家里有体弱的老人与年幼的孩子，设计师还贴心地采用了全屋地暖，让潮湿阴冷的冬季一去不复返。

卫生间

改造前的卫生间，女主人说它特别容易积水，我们当时是不信的，但亲眼看到的时候，才对她的担心有所体会。这里没有干湿分离，每次洗完澡后地面上全都是水，很容易滑倒，存在一定的安全隐患。

我们在卫生间原有空间的基础上进行改造，通过玻璃将其整体分隔成干湿两部分，避免了地面湿滑的安全问题。洗脸间的格子里摆放了绿色植物，在使视觉明亮的同时，最大限度地照顾到祖孙三代的生活质量与心情。改造后的浴室虽然小了一些，却更加“五脏俱全”，同时还充满了现代设计的风格。

阳台

改造前的阳台陈旧斑驳，好像轻轻一推，就会连枝带叶地掉下去。尤其到了冬天，这里就更加阴冷潮湿，几乎让人无法驻足。

改造后的阳台，新增加的区域不仅可以满足洗衣、晾晒等实用功能的需求，还终于让喜欢养花、养鱼的老人有了一块属于自己的“庄园”。这里不只照顾了设计的美感，更着重从屋主人的爱好出发，实现了更适合人居的一种环境体验。

07 1 m² 都不浪费，小户型也能实现超强收纳

房屋信息

所在地	北京
户型	1 室
面积	40 ㎡
设计师	黄吉空间设计
费用	20 万元
装修时长	6 个月

改造亮点

房型方面，经物业允许，拆了两面非承重墙。在没有大刀阔斧地改造的情况下，划分了玄关、餐厅等区域，让空间具有超强的储物功能，并最终实现“1 m^2 都不浪费”的超实用设计。

本案例突破了传统的一室户布局方式，根据实际需求进行设计，将采光好的一面留给了客厅，堪称一大亮点。

设计师说

设计师不仅要会户型改造，还要懂得如何帮助屋主梳理生活方式。我们不注重所谓的居住风格，家的风格本身是屋主气质的体现。

设计师可以为你设计房子，但不能设计你的生活。生活永远都是居者自己的经营。

与屋主悦姐姐相识于三年前，那时我为她设计了她的服装工作室。悦姐姐是那种骨子里带有东方气质的女子，平日里喜好喝茶、抚琴、读书、剪纸……温婉娴静，优雅脱俗。

这次悦姐姐和先生王哥为自己购置了一套 40 m^2 的一室户，麻雀虽小，但希望五脏俱全。客厅、餐厅、卧室、厨房、卫生间一个都不能少，而且最好各个空间相对独立，使用方便。

这个家不仅要住起来方便舒适，还要盛得下两人各自生活的小情趣。一室，两人，三餐，四季，人间有味是清欢。

户型图

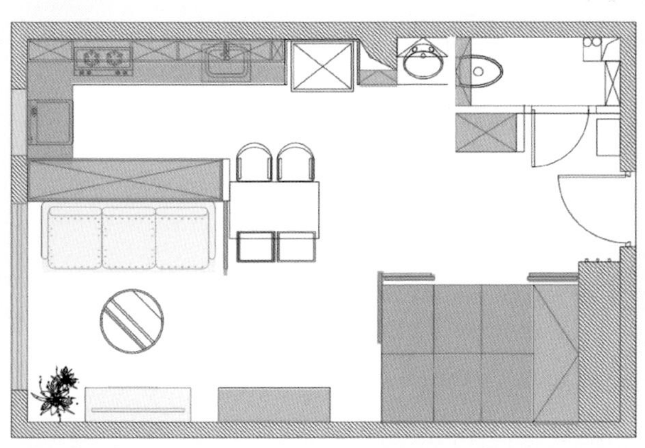

改造平面图

这便是这个 40 m^2 一室户的改造平面图，和原始户型比起来，除了拆掉两面非承重墙，格局并未做太大改动，因此原始户型图就省略了。下面将会逐个空间详细解说，并说明我们是怎样做到 1 m^2 都不浪费的。

玄关

一进门就可以看到玄关柜上男主人从西安淘来的憨态可掬的泥娃娃在跟你打招呼。

原始房型并没有明确的玄关空间，然而对于居住频率很高的房子来说，入户空间的收纳是极为重要的。于是我们把卫生间墙体内移，布置出入户玄关柜，满足生活需求。

根据空间特点定制的鞋柜，既方便收纳鞋子，又可以在搁板上放包和钥匙等其他小物件。

客厅

格栅背后就是客厅。屋主平时在家喜欢喝茶、看电影或弹琴，于是我们把采光好的一侧留给使用频率更高的客厅空间。

硬挺的沙发质感绵柔，坐感极为舒适，方便女主人盘腿而坐。原木色小几轻盈乖巧，放在小空间里恰到好处。

沙发背后其实是厨房的橱柜，借用了一小部分给客厅使用，可以用来放置书籍、饰品等。

宜家的这款纸质台灯搭配家具的原木材质刚刚好，看电视时打开一盏小灯即可，光线柔和而温馨。女主人的古琴挂在墙上，配上芭蕉，便成了一道风雅的小景。

男主人还有个爱好，就是喜欢养多肉，电视机旁边的置物架简直是个微型花园。

悦姐姐说，不知王哥从哪里搞来一个小铲，偶尔用来帮芭蕉松松土。这样的生活小情趣非常动人。

餐厅

入户门进来正对餐厅，借着开放式厨房的改造，刚好可以借用原来的走廊空间放置 1.1 m 长的餐桌，可满足两人就餐。厨房与餐厅的动线非常流畅，借着外移的台盆，洗手、上菜、吃饭等一系列动作只在几步之内就可以完成，这也是小户型的精妙之处。

餐厅与客厅之间用了格栅做隔断，两个空间既分隔又通透，避免了传统小户型客餐厅共用的不便。餐厅的藤编草帽灯别有异趣。

厨房

原始房型中的封闭式厨房显得各个空间都非常封闭且狭小，于是我们在布局改造上将其改为开放式厨房，让空间变得开敞通透。由于是小空间，橱柜选用白色面板，简洁大方，同时内嵌洗衣机，顶面设置晾衣杆。橱柜对面做了一排柜体，可收纳各类清洁工具。角落处露出的小椅子其实是男主人的吸烟区。

厨房墙砖是女主人一眼就相中的心头爱，如水墨画般的自然纹理，触摸时手感温润，铺贴出来竟像是一幅淡雅的自然画作，细细品味犹有余韵。石英石水槽磨砂质感的表面很亲和，极具造型美的水龙头非常实用，还可以调节出水模式。品质生活，绝不可缺少一个精致的水槽。

卧室

卧室的设计和传统的一室户布局方式不尽相同。在传统的一室户布局中，考虑到私密性，设计师多数会把卧室空间布置在远离入户门的一侧，并把采光最好的一面留给卧室，客厅采光就会相对较弱。我们并没有按照这个常规做法来布置客厅和卧室，而是根据屋主的生活习惯，把采光更好的空间留给他们在日常生活中使用频率更高的客厅。睡觉、休息本身就是在暗空间里更适宜，因此卧室被布置在靠近入户门的一侧。

卧室采用格栅式移门，并垂挂纱帘，让空间既通透，又可保证一定的私密性。内部设置衣柜，方便衣物的收纳。卧室地台床还有另一个妙用，就是可以作为女主人偶尔弹琴的坐榻。琴声透过帐幔幽幽传出，更有了几分诗意。

卫生间

我们将卫生间缩小后，把台盆布置在外面，内部只布置淋浴和马桶。出于私密性和干湿分离的考虑，常规做法会把淋浴放在内侧，马桶靠外。然而在小空间规划上，我们更侧重于空间使用的舒适度，因此把使用频率较低的淋浴布置在外侧，反而让马桶的使用空间更显宽敞舒适。

最终 40 m^2 的房子不仅满足了两人的日常生活需要，还装下了他们的琴棋书画诗酒茶。作为设计师，我认为，没有满分的房子，却有美满的生活，生活才是最重要的。

08 改造“走道式”户型，营造共享空间

房屋信息

所在地	浙江杭州
户型	2 室
面积	89 ㎡
设计师	墨菲空间研究社
费用	41 万元
装修时长	5 个月

改造亮点

户型方面，重新划分动线，放大公共区域，营造共享空间、过渡空间，做到移步异景。功能方面，按照屋主的使用习惯进行规划，灵活设计，让多功能区与厨房区共享，使厨房空间不会显得局促。另外，餐桌和沙发的摆放方式不落窠臼，成为核心区域设计的一个亮点。

设计师说

屋主是一对年轻的情侣，即将步入婚姻的殿堂，房子是他们的婚房。男主人是“IT 男”，不过平时工作主要在家里。他集众多“IT 男”的优点于一身，如爱好烹饪、顾家等。女主人则是外向的东北小姐姐，活泼开朗。两人对于这个家和以后的生活有很多想象和美好愿景，希望通过我们的改造，带给他们一个既满足需求又舒适惬意的空间。

我们在设计之前和屋主沟通了很久，最终确定以轻熟作为风格的核心。打造这类空间，整个设计表达可以用这几个词概括：诗意、幻想、浪漫、优雅。

接下来我们将结合空间布局，并从造型、材质、色彩和造价把控等方面来描述房间的设计。

户型图

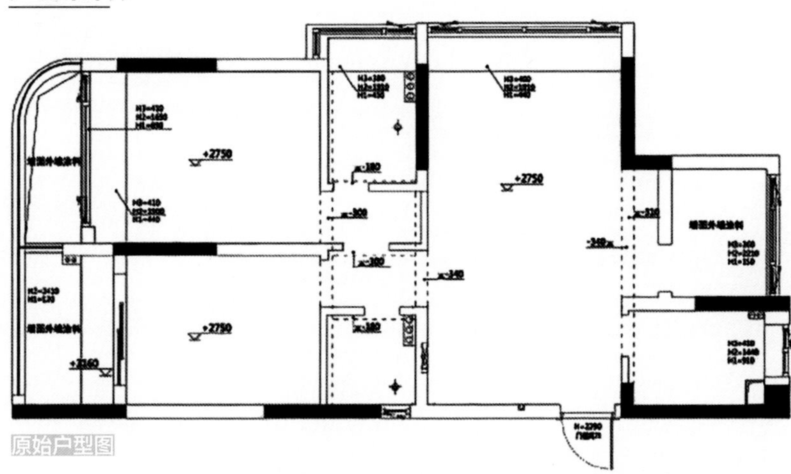

原始户型图

从原始户型图来说，这个户型比较方正，采光、通风条件都不错，但也有一些问题：首先，这是一个“走道式”户型，餐厅与客厅之间的界限非常明确，导致视觉上缺乏立体感和变化；其次，从尺寸上来讲，次主卫和厨房空间都偏小，功能受限，不能满足需求；最后也是最重要的一点，营造共享空间、过渡空间，才是本案解决结构的重点。改造的核心是动线、需求、功能和变化。

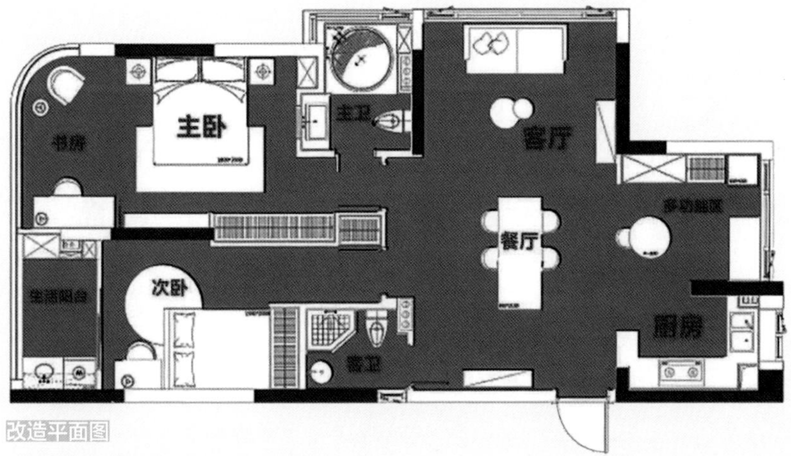

改造平面图

从改造平面图来说：首先，我们重新划分了动线，主卧、次卧的房门采用阵列式设计，通过尺寸配比放大公共区域，视觉上也更有戏剧化的冲击力，移步异景，不同角度呈现不同美感；其次，在功能方面预先考虑屋主的使用习惯，多功能区和厨房区共享，厨房有了补充台面，更方便使用，多功能区则设计下翻床体作为弹性空间；最后，打破固有思维，让餐桌和沙发的摆放方式更加符合家庭互动交流的要求，这也是核心区域设计的重点。

客餐厅

餐厅区域摆放了一个 2100 mm × 900 mm 的定制餐桌，选用的材质是粗糙的水泥台面和金属桌角。餐椅则选用了两种类型组合——千鸟格的布艺餐椅和玛萨拉酒红色丝绒餐椅——无论色彩还是造型，都让空间呈现出前卫、时尚和人文的品质感。

来说说客厅吊顶，现在很多家庭装修都会用中央空调或风管机，因为壁挂或柜式空调非常占用空间，一般不做考虑。在设计上，空调内机位置的选取非常关键，既要保证不影响空调的功能，又要注意优化吊顶（内机都需要做吊顶，工业风这样的风格除外）。这个屋子中，设计师把餐厅的空调出风口放在入户门左侧，吊顶宽度为 650 mm。而客厅、餐厅的顶面没有做吊顶，只在原顶面涂刷了白色乳胶漆。这样做有两个好处：一是空间高度不受影响，目前大部分商品房的层高有限，全部吊顶会感觉很压抑；二是节省预算。

客厅区域没有再使用吊灯，否则会增加空间的复杂度，显得凌乱。顶面采用了法式风格很常见的八角线条，并做了相应的简化。30 mm的石膏线条让屋子拥有法式风格的典雅，但又不会过于繁杂。

餐桌上的插花是屋主特地在拍毕业照前一天买的，饱和度较低的玫瑰配中古风格的烛台，有一种欧式宫廷感。餐边柜上铺着一条披头士风格的盖毯，上面摆放了一些装饰物。

客厅的左边是卫生间的黑框玻璃门。大家可能会很关注这个通高的玻璃门，我们通常看到的门都会有门檐，尤其是卫生间的门。一般来说，卫生间需要 300 mm 的吊顶，用来装排气扇。本案例中，设计师的处理方法是使用传统的集成吊顶，为了做到材质的统一性，特别在内部用挡板做了集成吊顶和门片的隐藏式设计，最后才能做到通高效果。房门的阵列式门洞带有一种独有的仪式感，材质使用了 2 cm 厚的铁艺和钻石玻璃。最终这扇套装门的价格不到 3000 元，不算贵。这里要特别注意踢脚线收口以及钻石玻璃的打胶处理。

想象一下，屋主工作了一天，回到家打开门往里看，自己的家生机勃勃地展现在面前，一天的疲惫和烦恼都会一扫而空吧。

地板采用的是进口强化地板。考虑到纹理、颜色以及性价比，强化地板是一个不错的选择。其实并不一定浅色就百搭，在这个空间里，深色地板的效果反而更好。这里参考了“素描球理论”，将黑白灰分开，体现空间层次感，黑色就是地板需要的颜色。

还有一个地方值得强调，就是踢脚线的运用。我们选用了 300 mm 高的黑白根大理石，用 10 mm 宽的不锈钢条收口，高级又精致。往往这些细节之处的表现，才更加凸显整个空间的气质。这里特别提醒一点，前期定制踢脚线的高度时，一定要注意插座的位置。功能性的考虑是最重要的，不然在实际使用的时候，一旦遇到问题，甚至会令人崩溃。

客厅里的蒲葵带动了空间的张力与生命力，网购的沙发质感和坐感都非常不错。

厨房

厨房用了火星人集成灶，燃气热水器放在室外。需要注意的是，有蒸箱或消毒柜的集成灶价格在 1 万元左右，它的优点是排油烟效果好，能释放更多的储物空间，顶上可以多放一组吊柜。不过热水器放在室外需要有顶，不能淋雨。橱柜用的是黑色模压面板，如果空间内色彩比较多，可以考虑用黑白灰搭配。为了避免空间过于零散，瓷砖同样选择大规格的，在墙上贴到 2/3 处，让千禧色延伸到墙面，避免承重墙带来压迫感。

多功能区

多功能区在夜晚开灯后视觉效果非常好，熔岩灯的光感十分舒服。小边桌上放一些美味食品，为多功能区增加一分惬意。

主卧

主卧的整体完成度很高，不管是空间尺寸配比，还是软装色彩美学，都紧扣轻熟风的主题。

用克莱因蓝和千禧色交织出的空间色彩显得很素雅，屋主非常喜欢。另外，羽毛纹理的墙纸在这个空间里也功不可没，让三种色彩有了很好的融合，久看不腻。

墙面沿用30 mm的石膏线条，贴出不同的画框，产生一些立体视觉感。这样既让空间有饱满的纹理，整体造价又比较合适，性价比极高。各位小伙伴如果预算比较充足，建议使用 PU 线条，因为更容易打理，常规 2.5 cm 的价格是 40 ~ 50 元。

卧室中的针葵品相非常漂亮，为空间增加了一分绿色的生气。

对于墙面凹陷下去的结构，比较常规的处理手法是用一些搁板填补。但是设计师认为，任何形式的产品都要灵活运用，体现空间的独特性。经过和屋主讨论，最终这里呈现出照片上的效果，让空间有了自由自在呼吸的感觉。

在搁板材质上，为了表现轻熟风，设计师在橡木、榉木、黑胡桃木和柚木四种木材里选择了柚木，既能表现人文情怀，又兼具古典美感。

壁灯并列悬挂，很有韵律感。这些壁灯是海淘的，因为国外的电压和国内不一样，所以灯泡换成了国内的。

床头左边，可以看到这一侧的床头柜和床头的吊灯，另一侧则是样式特别的床头柜，两边并不对称。卧室的床品都是屋主自己选用的，非常自然、亲切。

另外讲一下窗帘，虽然窗帘在空间中存在感不是很强，但空间的质感往往就体现在这些细微的事物上。当初选择窗帘的时候有两个方向，一是高精密的绸缎类，不过由于显得太精致了，最后舍弃；另外就是现在使用的这款，具有复古的斑驳质感，价格在 130 ~ 150 元 /m^2，全屋窗帘花费在 7000 元左右。

主卧的书桌可以满足屋主小哥哥平时写代码的需求。

客卧

因为屋主两人都不是杭州本地人，家里人很少过来，所以客卧平时当成储物室来使用。偶尔男主人需要加班，为了不影响女主人休息，会在这边敲代码。

卫生间

女主人最初就特别想要一个浴缸，设计师也一直在寻找，希望能找到既美观又能满足格局的浴缸。最后选了这款直径 1200 mm 的圆形浴缸，虽然不大，但是深度够深，所以舒适度上没有问题。

浴缸和台面都用了大花白纹理的大理石，在浴缸旁设计了壁龛，方便收纳。需要注意的是，在选择墙砖的时候通常要注意它的柔光程度。如果条件允许，做一些氛围灯光设计会更舒服。

另外，台盆上面的不是镜子，而是一个特别的设计。设计师在墙面开了个圆形窗洞，这样主卫和主卧之间就有了连接，能产生一些有趣的互动。窗洞的材质选用 1 cm 的不锈钢和钢化玻璃的组合。如果要做圆形的造型，一定要注意墙面打磨的平整度。

09 一个空间，两种用途：飘窗和榻榻米的妙用

房屋信息

所在地	重庆渝中
户型	2 室
面积	60 ㎡
设计师	重庆双宝设计
费用	26 万元
装修时长	—

改造亮点

户型方面有较大改造，体现为将封闭式厨房变为开放式厨房，改造了原来次卧面向餐厅的墙体，将原本开放的阳台包进客厅，并扩大了卫生间面积。本案例的改造还增加了空间的收纳功能，让小户型住起来更加舒适、实用。

设计师说

屋主是一个追求品质生活、性格活泼可爱的 90 后女生。她偏爱粉蓝色，希望拥有一个梦幻的家。我们为她的家融入少女元素，实现了她心中理想的家的样子。

户型图

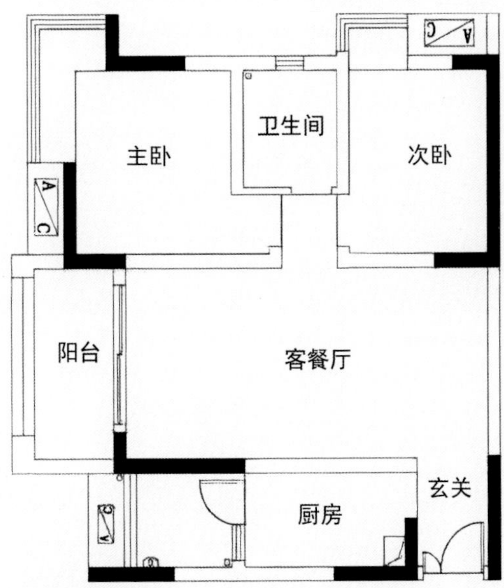

原始户型图

从改造前的原始户型图可以看到原户型的缺陷，即户型原始结构空间太小，非常压抑，储物量不足。除了增加储物量，屋主希望在原本的户型结构上增加开阔度，但同时又能保留一个小客房，还希望能兼顾浴缸和淋浴房的功能，这也是本次设计改造的难点。

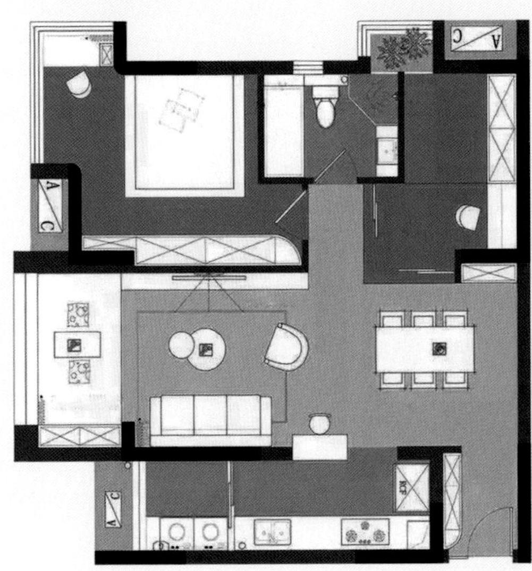
改造平面图

结合改造平面图，大概说一下我们的改造方法。首先，打开厨房空间，变成开放式厨房，增加采光和开阔度；其次，将原来次卧面向餐厅的墙体改成长虹玻璃和窄边框滑门；再次，将原本开放的阳台包进客厅，做成落地窗和榻榻米的形式；最后，扩大卫生间面积，同时融入浴缸、淋浴、马桶、台盆等功能区。

玄关

进门第一眼便可看见粉色的“断臂维纳斯”，空间一下子俏皮了很多。开架和上下封闭柜体的设置满足了储物功能。原户型只有 60 m^2，足量的储物空间是必不可少的。

客厅

在原始户型中，客餐厅空间是狭长的，让人感觉很有压迫感。而当整个空间被打通后，在视觉上增大了空间面积，使 60 m^2 看起来像 80 m^2 的感觉。

充满趣味的茶几搭配精致的沙发，抱枕的几何图案与背景墙上的挂画相呼应。

这个空间最大的亮点是大飘窗和榻榻米的设计。设计师将原来的阳台空间充分利用起来，平时可以在上面看书、喝茶，有亲友留宿时，只要将飘窗和客厅之间的窗帘拉上，就形成一个独立的小房间。一个空间，两种用途。

客厅一角，一盆绿植增加了空间的生气。

餐厅

在这个案例中，餐厅四周都是交通动线，所以软装的搭配尤为重要，追求精致的同时也要讲究氛围的柔和，让人感受到温暖。

几何形的挂画简洁大方，搭配层次分明的吊灯，同时颜色上也保持统一，这样从正面看又形成了一幅新的画。不同角度有不同的画面，增加餐厅的趣味性。

餐桌采用大理石材质，形式以弧形边角为主，这样既可防止磕碰，又不失美感。餐椅的配色以及丝绒布艺的使用也恰到好处，梦幻和精致的融合就是这样简单。

厨房

厨房的吊柜与地柜采用不同颜色，增加层次感。厨房和生活阳台之间，同样采用长虹玻璃和窄边框滑门作为隔断，最大限度引进光线。长虹玻璃透光不透影，避免看到生活阳台上晾晒的杂乱衣物。

卧室

主卧在软装搭配上延续了整体的蓝粉色调。为了避免呆板，设计师在保证舒适度的前提下，选择同款不同色的床品拼接搭配使用。

考虑到牢固和环保，床体采用双面的多层实木板打底，在需要留灯光的地方做了灯光槽，表面铺上木地板就可以了。床对面是一整面储物柜，满足收纳需求。主卧的梳妆台在靠近阳台的一侧。

值得一提的是木地板收口，为了达到整体效果，是由工人师傅在现场用砂纸一点一点磨出来的。

次卧

次卧同样设计了榻榻米，小阳台面积极小，只能栽种一点绿植。设计师在这里造了一处小景，在看书、休憩的同时，还能呼吸新鲜空气。

卫生间

卫生间采用黑白色调的组合，异形的淋浴间与弧形洗漱台搭配，精致又简单，纯黑色的五金件更显质感。

10 坐拥七大功能区，两居室还有一个衣帽间

房屋信息

所在地	上海浦东
户型	2 室
面积	45 ㎡
设计师	小春（家的要素）
费用	20 万元
装修时长	3 个月

改造亮点

户型方面，在一边是承重墙，一边是过道且能扩充余地非常有限的情况下，完成了扩大卫生间的设计，还利用原户型内最大的主卧分隔出了屋主要求的衣帽间。采光方面，最大限度地引入光线，并配合点状光源设计和软装色彩把控，使屋内变得温馨明亮。此外，全屋边边角角的空间都利用起来储物，量身定制的家具既实用，又提升了空间美感。

设计师说

这是一套使用面积只有 45 m^2 的房子，屋主森森跟她的父母一起居住在这套房子内。原房屋状态是典型的“老破小”，采光差，管道线路乱，在改造过程中我们遇到的最大挑战就是老房子杂乱无章的管道。屋主从一开始沟通的时候就表示非常想要衣帽间，并想扩大卫生间的面积，于是我们按照屋主的意愿开始了为期 3 个月的大改造。

户型图

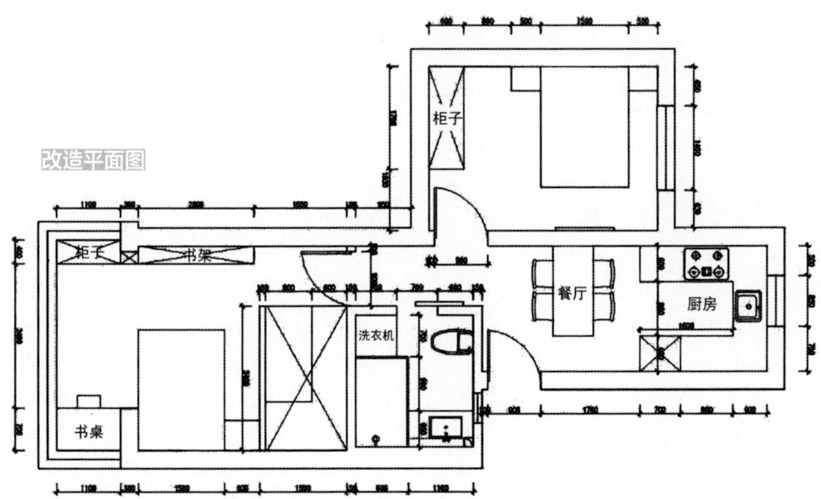

从改造平面图可以看到房屋具体的尺寸。各空间所留的尺寸基本是最低标准了，小户型也只能这样精打细算。“麻雀虽小，五脏俱全”，空间够用就好。

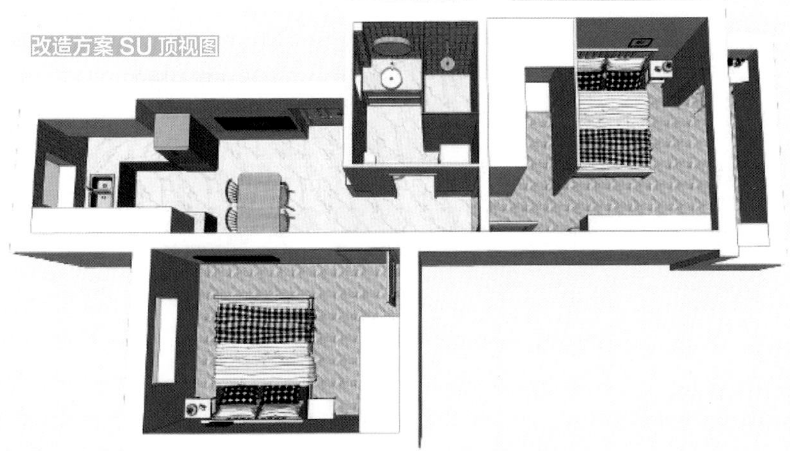

从改造方案的 SU 顶视图来看，整个空间的感觉会比平面图更立体一些。

施工过程基本可控，出现的最大问题是如何处理卫生间顶部巨大无比的排水管。为此，降低吊顶还是裸露的两难选择着实让我们头疼了一把。最后为了整体视觉效果，还是选择了降低吊顶。

玄关

玄关可以说是最简化的设计了，就贴着墙垛放了一个鞋柜，还是超薄的那种。对设计师来说，功能需求是第一位的，碰到无能为力的户型只能尽力而为。

鞋柜的小把手材质全换成了黄铜，跟全屋的把手在风格上达到统一。

厨房

开放式厨房完成得比较好。橱柜用的红色系，起到了点睛的效果，台面搭配的是天然纹理的大理石小白砖，储物柜上的金色把手是后期采购、现场安装上去的，可谓是美观提升小道具。另外还安装了方太的水槽洗碗机，非常适合小户型。

餐厅

同一角度的 SU 模型图和实拍图，可以看到实际装修效果对设计方案的体现程度还是不错的，而且实际效果图看起来更加温馨。这套房子的整体效果超出我们的预期，回想一下可能是因为第一次留下的印象实在太深刻了，眼前是真正的“老破小”，所以改造之后惊艳效果更强烈。

为了让室内更通透，设计采用了开放式厨房（橱柜色号：立邦，热情爪哇 NN1030-2；餐厅墙壁色号：立邦，复古橡粉 NN0004-4）。在客厅与餐厅之间，屋主毫不犹豫地选择了餐厅，可见一家人围坐在一起享受三餐四季才是最重要的。此外，餐厅还使用了瓷砖上墙做半围的效果，替代了踢脚线，提升了美感。

卫生间

卫生间的 SU 截图，从顶角看设计，在这样拥挤的空间内，利用玻璃隔间做到了基础的干湿分离。

墙上使用了 TOT 席字拼，简约不简单，让白砖立刻丰富了好几个层次。再搭配浅灰色水磨石地砖和金色的五金，卫生间虽小，却极其精致。带有储物功能的镜柜，给空间增加了一点“小心机”。白色水磨石台面搭配拉丝五金水龙头，把精致贯彻到底。最后，留一点空间放下了洗衣机。

主卧

在屋主的卧室，我们用温馨的色调和设计满足了她的少女心。家具均选用了挑高款的，让整体感觉更轻盈通透。粉色的丝绒窗帘是提升外观的利器，也框定了整个卧室的色调。床头的铜吊灯和粉色边柜风格统一，简约实用。

电视柜采用白色与木色的搭配，显得十分干净，开放与封闭相结合，远观起来美观大方且毫无漏洞。只不过拍照的时候电视机还没有到位，实际上装饰画遮住了导管洞口。这个洞口是留给电视机的，在电视机安装后，可以把插头放进洞里，插座在下柜中，这样就可以告别电视线外露的凌乱感了。

梳妆台依然是以实木材料为主，与电视柜保持一致。梳妆台上面是一个洞洞板，可以放一些小物品来装饰。

衣帽间

在主卧进门左侧的空间有一个小“福利”——我们利用原户型内最大的主卧分隔出了屋主心心念念的衣帽间。这是个步入式衣帽间，可以说是不浪费一点空间了。

次卧

屋主父母的卧室相对素雅简洁了一些，使用灰色和绿色的搭配，浅灰色的涂料（涂料色号：立邦，迅捷 NN7808-4），带储物功能的床，配以绿色丝绒窗帘，营造平和氛围。

衣柜是依据尺寸定制的，既实用，又不影响动线。

走廊

在走廊的墙上，我们打造了一个搁板，可以在上面摆放一些小物品，让这略显单调的空间增加一点装饰，也让走廊多了一丝活泼可爱之感。

11 在小户型中打造两间儿童房，还有超棒跳舞长廊

房屋信息

所在地	北京朝阳
户型	3 室
面积	62 ㎡
设计师	张冬月
费用	26 万元
装修时长	—

改造亮点

户型方面，将原先的大主卧分隔为两个儿童房，供两个孩子使用。通过合理规划分区，将屋主要求的书房、影音室和孩子的游戏室、跳舞长廊等空间全部实现，而且整体连通，功能性十分强大。色彩方面，空间整体以白色为主，地板选用自然色的三层实木地板，环保又自然。另外在现在的主卧里，还藏着一个美丽的惊喜。

设计师说

屋主有一个幸福温馨的家庭，夫妻俩和两个宝宝还有一只美短住在一起。宝宝中的姐姐今年五岁，弟弟今年两岁。

本来的家是两室一厅的格局，但通过精心设计改造，摇身一变成了三室一厅，是不是很神奇？接下来告诉你其中的奥秘。

户型图

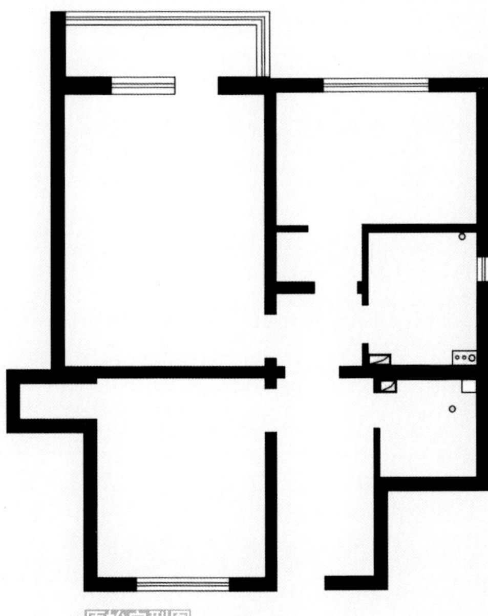

原始户型图

从改造前的原始户型图结合屋主需求可以看到：原本两室一厅的房子，因为弟弟的降临，现在已经不够住了。宝爸、宝妈想要一个双开门冰箱、两台洗衣机，还有洗碗机等多个大件电器，现在的格局怎么看都不够放；小美女姐姐在跳芭蕾舞，希望有一个能装大镜子的舞蹈室；宝爸、宝妈希望能有在家办公的空间；姐弟俩还在成长中，要给他们留下足够的玩耍空间。

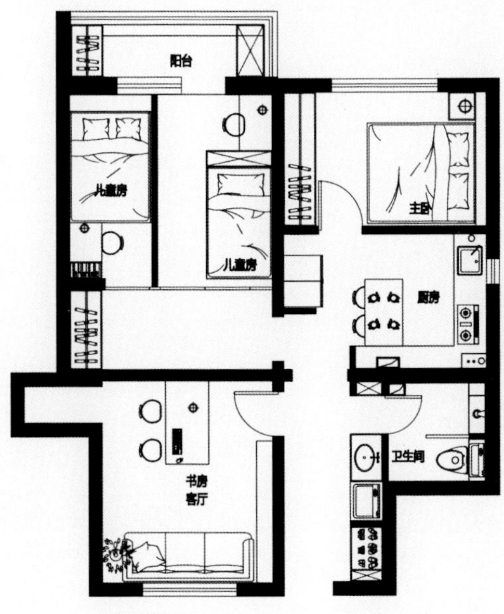

改造平面图

从改造平面图可以看到，原先的大主卧被分隔成了两个儿童房，姐弟各处一室，互不打扰；书房、影音室、孩子的游戏室和跳舞长廊全都齐备了，而且整体连通，给了宝宝最自由的成长空间。

玄关

门口是鞋柜和杂物柜，中间的空档可以暂时放置一些包包、钥匙和来不及收起来的快递等小物件，当然，摆一下装饰品也是极好的。

玄关右侧的墙面上有很多方便收纳衣物的壁架，左边是后面要重点介绍的洗手台。

客厅

接下来是热闹的客厅，这里还可以用作书房，以及姐弟俩的“玩具集散地”。

客厅里没有选择传统的沙发，而是买了四个沙发椅，可以像电影院一样对号入座。同时还准备了投影仪和大白墙，关上灯就可作为影音室，精彩大片看起来！

餐厅

餐厅中用了宜家的伸缩餐桌，凳子在不用的时候可以摞起来，非常节省空间。

厨房

厨房墙面留有许多悬挂装置，餐桌旁的凹陷空间也可以充分利用起来，省了餐边柜。

厨房里特别留了一处空间，宝爸、宝妈心心念念的双开门大冰箱终于有地方放置了！冰箱的上部和侧面也不浪费，上面可以储物，侧面则挂了洞洞板，用来收纳各种清洁工具。这里还安置了一个非常强力的吸尘器，能将猫咪掉落在地上的毛收拾得干干净净。

卧室

卧室顶面有很多暖气管，但没有选择做吊顶将它们藏起来。这样做一是可以增加层高，二是……先卖个关子。

宝妈采购了很多好看的干花，暖气管便成了干花架——原来暖气管还有这样的作用。床头放了挂衣服的原木色梯子，用来放置日常穿用的衣物，顶面则留了可以用来阅读的温馨床头灯。床头上边砌了台子，可以代替床头柜用来放书。墙上还做了壁灯，夜间如厕专用，光线柔和，不会干扰睡眠中的人。另外，床头插座也都提前预留好了。

儿童房

儿童房里放置了可爱的原木色书桌和床头书柜，让人觉得安心舒适。

虽然是玻璃门，但房间内安装了罗马帘，睡觉时放下帘子，完全可以保证遮光和私密性。

床头做了柜子用来代替两侧的床头柜，可以放睡前故事书。

阳台与儿童房之间用中空的百叶窗相隔，既保证私密性，又可以透光。

跳舞长廊

姐姐在学芭蕾舞，跳舞长廊是她平时练习的地方。镜子的反射让整个空间显得更大，而镜子背后则是衣柜。当时设计师在犹豫衣柜门上要不要装把手，因为直接用手开门的话，容易在镜面上留下指纹。但考虑到小主人的安全问题，为避免磕碰，宁愿不要把手，毕竟安全最重要！

长廊的一侧是一个放飞想象力的墙面。白色的插画墙纸可以让小朋友随意涂鸦上色，好期待他们未来的作品。在挑选壁纸时，姐姐本来十分闹腾，但看到这张壁纸便马上开始安安静静地涂起色来，于是宝爸、宝妈当机立断买下了这张壁纸。

另一侧，两个儿童房和长廊之间的墙被换成了透明玻璃，增加采光后，房间立刻通透起来！另外，猫咪的卫生间也在这里。

卫生间

原先的洗手台是在里面的，现在单独放在玄关的走廊上，这样如厕和洗漱时，不会彼此占用空间。洗衣机上面的台面可以放置化妆品和家人的洗漱用品，这也是将洗手台移出后增加的收纳空间。洗手台离地面的高度正好可以让扫地机器人进去，同时小板凳也藏在洗手池下面，姐姐可以拿出来站在上面洗手。

因为身高在 1 m 以下，小弟弟一调皮就容易撞到头，所以卫生间门旁内嵌的一组白色柜子没有安装门把手，而是装了按压式的柜门，猫咪的猫粮就藏在这里。

在卫生间内部，淋浴喷头下面留了台子，既能放弟弟的澡盆，也可以让妈妈坐下来，这样给弟弟洗澡就不会太累了。

这里重点称赞一下壁挂马桶，让空间没有卫生死角，减轻了妈妈打扫卫生的负担。还有，小滚筒洗衣机也是挂壁式的，有没有一种太空舱的未来感？之后会在淋浴和马桶中间加装软隔断的浴帘，做到干湿分离，让卫生间更加干净卫生。

12 全屋收纳 500 个登机箱，还有一个“四式分离”卫生间

房屋信息

所在地	上海静安
户型	1 室
面积	34 ㎡
设计师	本小墨
费用	20 万元
装修时长	—

改造亮点

本案例的改造亮点在于合理规划房屋的动线，并调整相应的功能区域，重新分配了生活空间。具体来说，比如移动卫生间，增大厨房和卫生间的可使用空间，将走道空间重叠使用，使其发挥最大作用。“四式分离”卫生间堪称本案例的经典改造，而超大的收纳空间也让本设计特别实用。

设计师说

有时候会觉得，做室内设计师真的是一件很幸福的事情：能作为非家庭成员参与到一家人的生活中，这种缘分尤其美妙。我们通过这种参与，将体验融入设计当中，从狭长房型的动线入手，进而对空间进行合理规划，最终改造的房屋满足了一家人的生活需求。

户型图

改造平面图

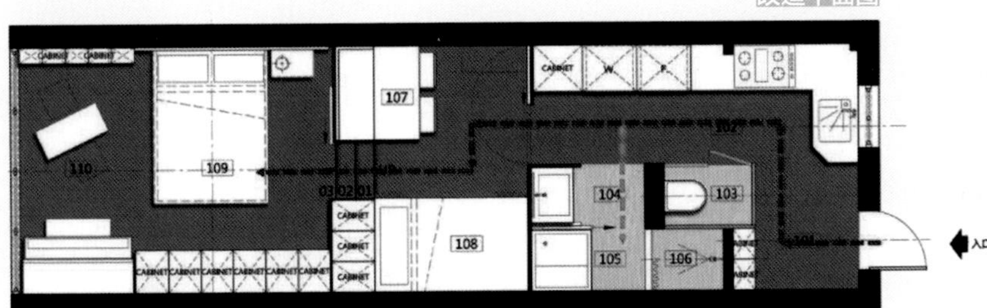

从改造平面图可以看到，设计师合理规划了房屋的动线，然后移动卫生间，在厨房做 L 形超大橱柜，增大厨房和卫生间的可使用空间，并顺理成章地重新分配了一家人的生活空间，将家里的走道空间重叠使用。

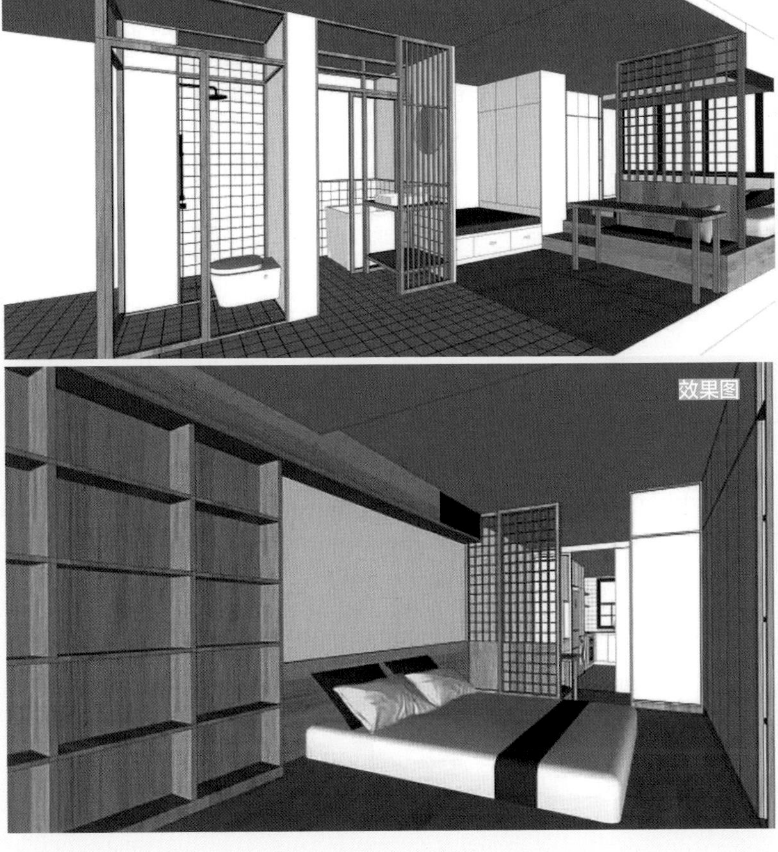

从草图和效果图可以看到设计方案的立体效果。

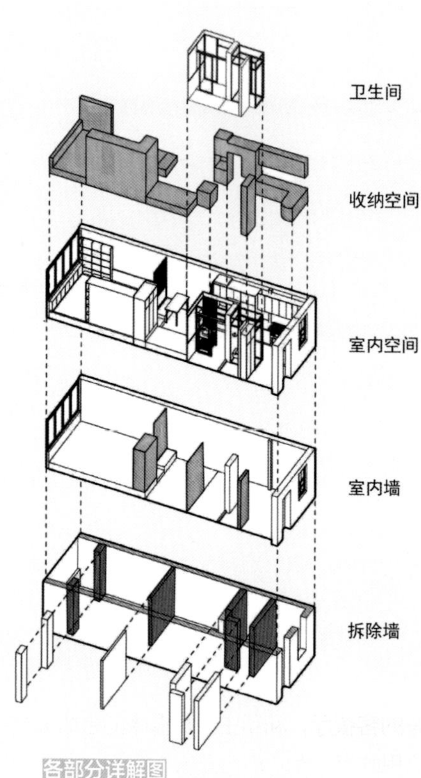

各部分详解图

从各部分详解图来看，最上面淡绿色的立体部分，就是占地面积高达 20 m^2 的收纳空间，可收纳物品的体积足足达到 16.3 m^3。

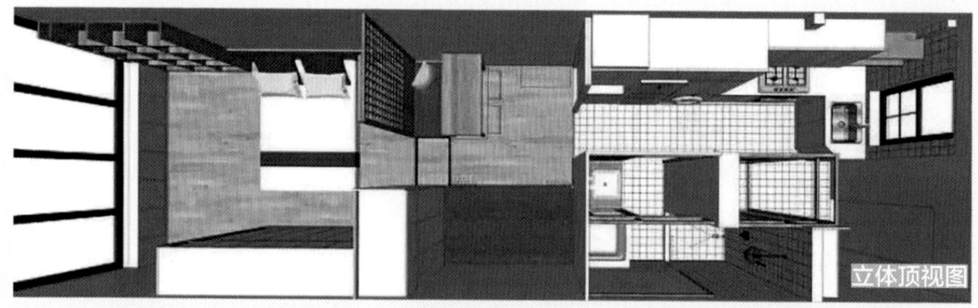
立体顶视图

可能单纯的数字无法让你一下子明白 16.3 m^3 代表什么，这里举一个例子：一般人出差用的 66.7 cm（20 寸）登机箱的容积是 34 cm × 50 cm × 19 cm = 0.0323 m^3。也就是说，16.3 m^3 约等于 500 个登机箱的容量！

在使用面积仅 34 m^2 的家里，留出这么大体积的收纳空间，最大限度地满足了一家人的日常收纳需求。

玄关

入户处做了简单的玄关：低矮的台阶式鞋柜让老人、孩子都可以坐着换鞋，很方便；上方的挂板让主人回家后可以挂外套和包包。

客餐厅

奶奶的床铺和客餐厅共用一个大空间，两个空间用一条走道分隔，床铺外侧挂上围帘，就成了一个相对独立的空间。床铺下方的抽屉和床头的整面立柜，给奶奶留出了充足的衣物收纳空间。墙上预留了电源口和置物架，让奶奶睡前可以随手放一些东西。床铺一旁的客餐厅，利用主卧榻榻米的台阶做成卡座。一家人可以在这里吃饭，女儿也可以在这里写作业、画画。

厨房

厨房墙面和地面的小白砖填了黑缝，配合白色的台面和柜面，显得整洁干净又时尚，还便于打理。一扇移门分隔开厨房和里屋，也能防止油烟扩散。平时打开，会显得家里很宽敞。

长达 4.5 m 的 L 形橱柜有着强大的收纳和操作空间。在橱柜上预留出家电所需的空间，位置各有高低，却一点也不散乱，这也算是小户型收纳可以借鉴的亮点。需要注意的是，最好在设计阶段就确认好家电的尺寸，这样定制柜做好后才能严丝合缝地放进去。

卧室

卧室内用了公认的小户型收纳法宝——榻榻米，可以收纳家里的大部分杂物，将床垫直接放在上面就是双人床。木饰板上墙既可以节省空间，又让空间显得更有整体性。

大白墙搭配原木，让空间显得清新又温馨。壁挂式空调被妥善包裹，只留了金属百叶的出风口，保证整体性的完美呈现。

原先看上去不大的卧室通过精细规划，让女主人平时收藏的小物件也能展示出来，无形中增添了一种意趣。

床尾设计了占据半面墙的超大衣柜和一排书架，还在靠窗的角落放了一架钢琴，倒也并不显得拥挤。

卫生间

户型改造最大的亮点来了——不是一般的小户型改造，也不是一字户型的重新布局，而是在有限的空间将卫生间四式分离！洗漱、如厕、沐浴、泡澡——四个空间互相联系，又不相互干扰。

利用玻璃隔断让四个空间互相借光，即使在最内侧的淋浴区也很明亮。不用墙体隔断而用玻璃隔断，可让空间更加通透，也是小户型的法宝。

13 两居室和多功能吧台打造简约北欧风小户型

房屋信息

所在地	北京朝阳
户型	2 室
面积	60 ㎡
设计师	JORYA 玖雅
费用	30 万元
装修时长	3 个月

改造亮点

户型方面，墙体改造是一大亮点，特别是门厅墙体改造和客厅墙体改造都实现了各自的特定功能，门厅右边的储物间墙体移除则增加了相应的储物空间。此外，本案例中还设计了多功能吧台，调整了厨房的布局，并在次卧阳台增加了洗衣房。

设计师说

屋主是一对年轻的80后小夫妻，这套房子位于北京东三环的一个小区。对于60 m^2的小户型来说，每1 m^2 空间都肩负着重要的使命，需要精心规划，才能满足两个人的日常起居生活需求。

户型图

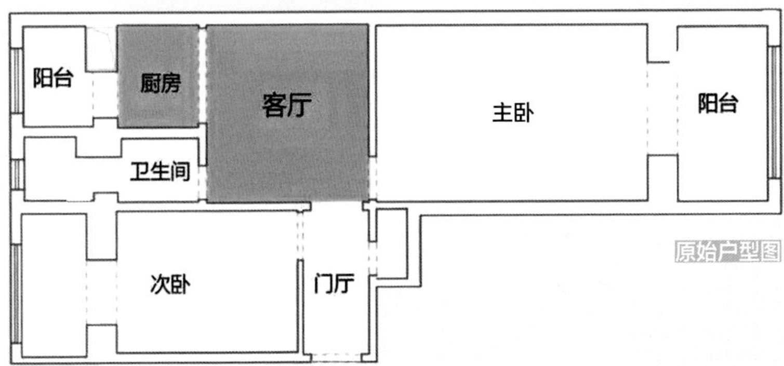

原始户型图

从原始户型图可以看到，原始房型存在很多缺陷：首先，客厅和厨房的面积不足，无法满足正常使用需求；其次，客厅和门厅采光不足；再次，门厅的面积存在浪费的情况；第四，没有餐厅；最后，没有地方放置洗衣机。

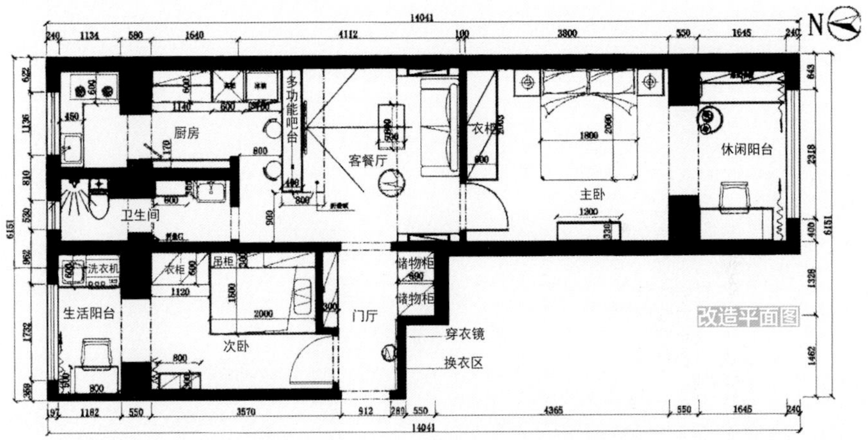

改造平面图

结合改造平面图，讲解一下改造后解决的问题：首先，门厅墙体改造，右边的储物间墙体移除，改为储物柜，增加了衣帽和鞋的储物功能，收纳东西更多，拿取东西更方便；其次，客厅墙体改造，扩大了客厅的使用面积；再次，多功能吧台同时解决了小餐桌和电视柜的问题；第四，利用次卧阳台靠近卫生间下水道的优势，增加了洗衣房；第五，厨房功能布局调整，将烹饪区域划分到阳台，并用玻璃隔断门将油烟隔离。

玄关

原始门厅采光比较差，在设计中运用主辅光源结合的方式，提亮空间整体照明。通过门厅处墙体的改造，满足了鞋子、衣帽及零碎物品的储放需求，双开门进深70 cm的储物柜能收纳很多物品。

客厅

在狭小的暗厅中想要得到一个有客餐厅功能的空间，就得借助其他设备了，多功能吧台的设计实现了功能上的需求。开放式厨房为客餐厅空间增加了许多自然采光，在处理顶面新风管道的同时加入灯带来增加客厅的照明。事实上，整体空间内，在灯光的设计上做了较多层次的光源处理来加强层次感。

另外，电视柜和橱柜在同一厂家定制，一样的材质既延伸了空间，又在形式上统一。

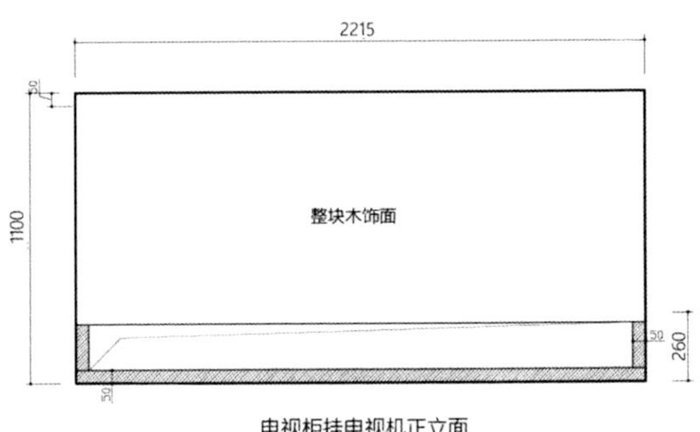

电视柜正面造型及尺寸。

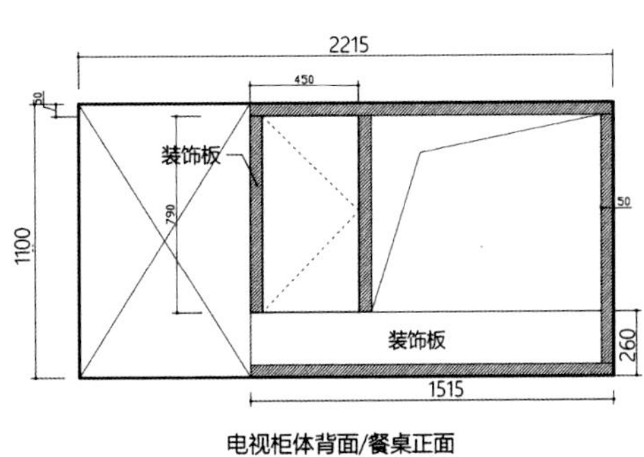

餐桌以及放小吧椅那一面的尺寸图，餐桌的进深为 420 mm。

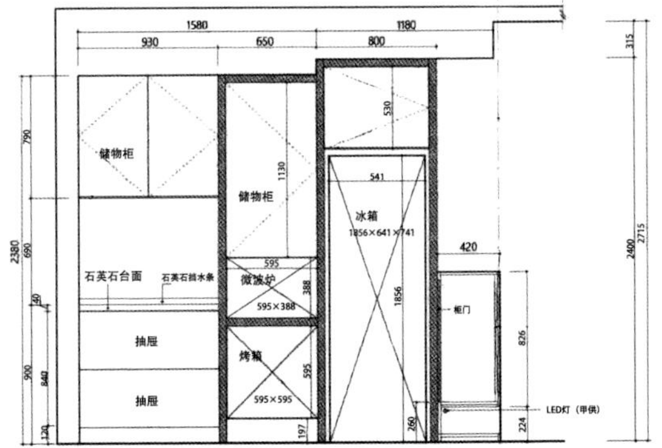

橱柜的尺寸图，整体为实木定制。

在客厅的沙发两侧做了壁龛。由于主卧剪力墙墙体拆除后进行结构补墙加固，对两侧工字钢封板后使局部变厚，设计师为了充分利用空间，将可以使用的部分做成了壁龛。

厨房

厨房的烹饪功能区被移到了这一侧的阳台上，之间使用铁艺门实现分隔中西厨的功能。黑色铁艺材质让门显得更轻巧。

吧台的设计在实现小餐厅功能需求的同时，也解决了电视机的摆放位置问题。设计师不仅考虑到了吧台的储物功能，还设计了可以放置吧台凳的空间，防止吧台椅阻挡狭小的过道。

卫生间

通过卫生间内材质色彩的使用，让空间显得略微宽敞一些。

阳台

设计师利用次卧阳台靠近卫生间的位置优势，在水电改造时对给水排水进行了调整，将洗衣房功能放到阳台空间。定制柜满足了放置洗衣机和手洗池的功能需求。

卧室

主卧色彩很舒适，定制的异形床头挂板搭配黑色床头壁灯，形式感十足。

阳台处设立卡座及吊柜书架，用来实现屋主对图书角的需求。这里既是屋主的精神乐园，也是猫咪的嬉戏空间。

次卧使用整体定制家具来增加储物空间。角落里的木质桌椅，不仅可以坐在这里办公、读书，还具有良好的设计感，可以点缀空间。

14 温柔澄净日式公寓，在主卧里打造一间书房

房屋信息

所在地	四川成都
户型	3 室
面积	85 ㎡
设计师	喜屋设计
费用	25 万元
装修时长	3 个月

改造亮点

户型方面有较大改造，体现在将卫生间干区部分面积分给厨房，改变次卧进门方向，将空出来的空间做成新的卫生间干区，保证干湿分离，以及将主卧分隔成两间，打造出书房兼衣帽间的特殊空间。

设计师说

屋主是个阳光干净的理工男孩，最初设计时他向我们表达了心中房子的理想样子：要简单的日式风格，以干净整洁为主，要暖暖的、和谐统一的色彩。原始户型中有令他苦恼的地方，比如卧室过于狭长，不能很好地利用。我们根据屋主的需求，最终成功地将他心中的房子呈现出来。没有烦冗多余的色调和修饰，让简约和谐重回生活主题。我们和屋主对于品质的态度和理解，皆在一片澄净柔和的木色中演绎。

户型图

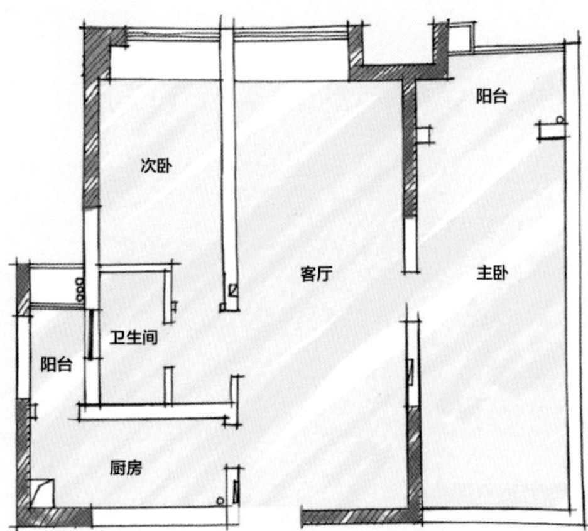

原始户型图

结合原始户型图描述一下改造前的情况：首先，厨房和生活阳台偏暗偏窄，无法放下冰箱；其次，卫生间面积较小；再次，次卧进门方向正对卫生间干区，宽度有限，不能正常放下床；最后，主卧宽度只有 2.66 m，空间狭长，放下 2 m 的床之后，过道很窄，且无采光。

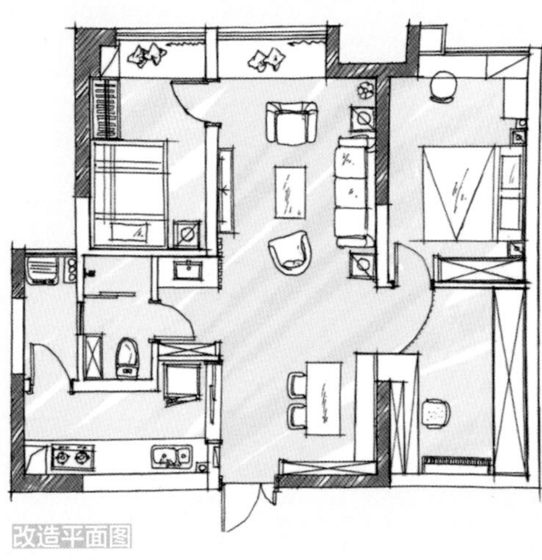
改造平面图

结合改造平面图大概讲解一下我们的改造方法：

首先，向卫生间干区扩大厨房面积，做成深 600 mm 的凹口，放入冰箱，厨房门做成推拉门，增加采光、通风。

其次，将原来的空调机位封进生活阳台，全屋使用中央空调。

再次，改变次卧进门方向，将原来的进门位置做成卫生间干区，保证干湿分离。

最后，主卧分隔成两间，一间做书房兼衣帽间，另一间做卧室。将主卧阳台封进室内，增大卧室空间。

玄关

入户门右边是一排深 350 mm 的木色鞋柜和餐边柜，最里面设计了隔板，这也是对卡座收口的一种较好的处理方式。鞋柜中空的设计能随手放置钥匙、可视电话等小物件。

电视背景墙是现刷的水泥漆，左侧定制了木格栅隔断，遮住了里面的洗手台，又不像实墙那么沉闷。

客厅

客厅内安装了中央空调和新风系统，顶面进行局部吊顶，无主灯的设计加上四周的点状光源正好遮住中央空调的管道。

简单舒适的沙发、自由摆放的边几，让这里成为理想的休闲之地。

藤编椅是值得拥有的休闲好物。

飘窗台采用了灰色的大理石材，温润干净。忙里偷闲，可以在这里泡一杯咖啡，读一本好书，享一米暖阳。

餐厅

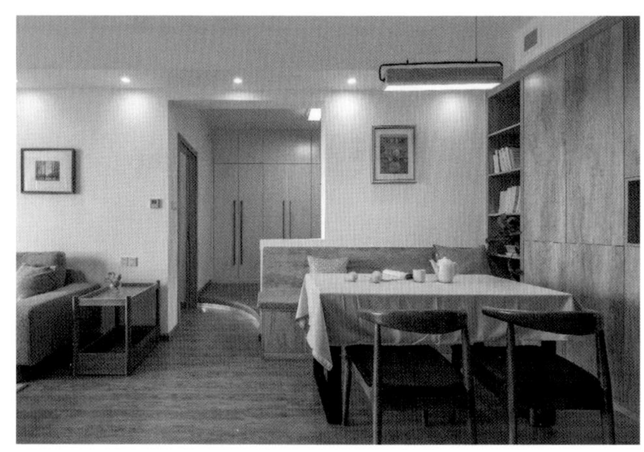

餐厅内做了宽 450 mm 带储物功能的卡座，是人体舒适的宽度。卡座背后的半墙与书桌相连，可以放一些小饰品，并且刚好连接起卡座的背靠板。配电箱则藏在卡座柜子里面。

网上定制的卡座垫子，舒适且有质感。卡座长 2 m 左右，躺下来也是没有问题的。

厨房

厨房中木色橱柜、浅灰色地砖搭配哑光爵士白墙砖，延续了整个空间木色和灰色的组合。顶面预留了中央空调、新风系统以及烟道的检修口，方便后期的维修检测。烟道转角的空间刚好可以放下一张 200 mm 宽的小桌，简单实用，就足够美好。

卧室

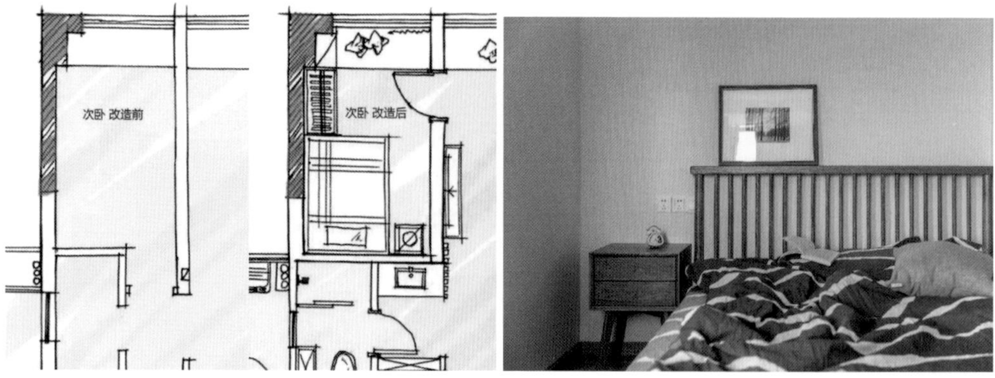

从次卧平面布局图可以看到，改造后的次卧从客厅进入，改变了床的摆放方向，化解了原始户型中卧室门正对浴室柜镜子的尴尬问题。

主卧放了 1.8 m 宽的床、0.5 m 宽的衣柜，以及特别定制的只有 0.3 m 宽的床头柜。当阳光洒下的那一刻，这个冬天便注定是温暖的。

我们的设计将原来的阳台包进主卧里，单独用石膏板将以前的落水管封闭起来，我们利用这个宽度做了隔板和吧台。吧台高 1 m，抽屉高 150 mm，刚好是一般人比较舒适的高度。在这里，有书，有茶，有光，有影。或是伏案沉浸在书中的美好世界，或是抬头望向窗外欢乐谷奔跑的过山车，或是进入梦幻般的遐思，都令人神往。

吧台与转角墙体之间刚好留有 2 cm 的距离，这样处理能更好地避免墙面和吧台开裂、破损的问题。旁边树枝状的衣帽架则给生活增添了些许便利和点缀。

书房

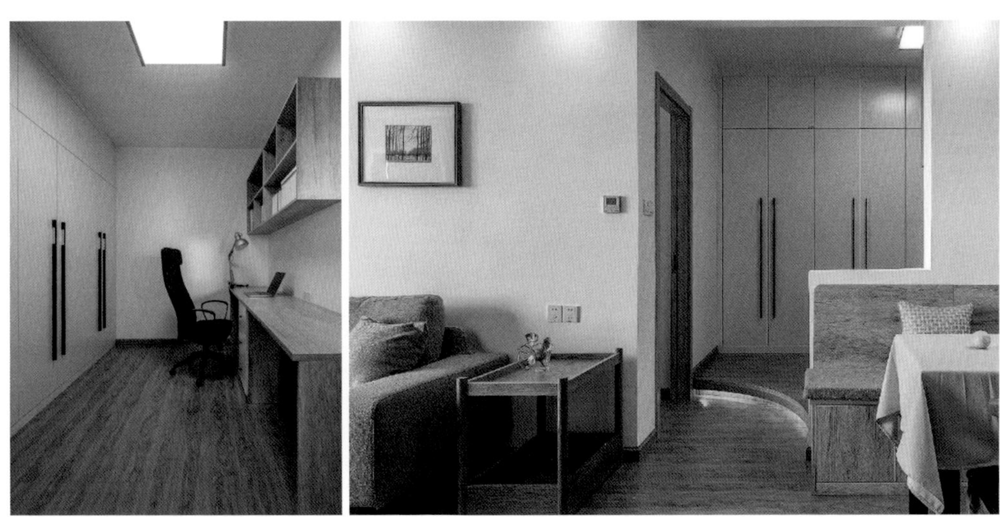

书房地面被整体抬高 150 mm，打造多功能工作空间，2.36 m 宽的书桌可以满足两个人同时工作的需求。整面墙到顶的衣柜有 3.6 m 长，可以放下家里所有的棉被和衣服，储物功能达到最大化。书房与卧室客厅连接处做了弧形处理，里面暗藏灯带，让光和暖溢满整个房间。

卫生间

卫生间原本不大，把洗手台放到外面刚刚好，也能保证干湿分离。

15 神奇设计：洗手台变中岛，从厨房“偷”一个玄关

房屋信息

所在地	江苏南通
户型	1 室
面积	65 m²
设计师	开物大远
费用	21 万元
装修时长	12 个月

改造亮点

户型方面，将使用度不高的厨房划分出一部分区域做玄关，并放置了冰箱，将原先正对主卧的洗手台旋转 90°，避免尴尬。根据实际情况设置飘窗，没有一味追求固定模式，体现了设计的灵活性。

设计师说

屋主大表哥（网名）是一位婚礼策划师，打算孤独终老的她，思来想去还是要买套房子自己住，毕竟租房这么多年也有点累了。房子是一套一居室，她希望能有自己的私人空间，不求张扬，只求适宜。

户型图

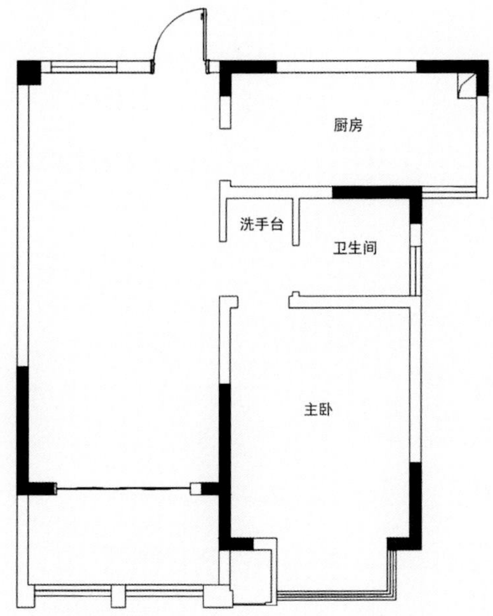

原始户型图

从改造前的原始户型图可以看出来原始户型的问题：首先是厨房很大，但利用率不高；其次，没有玄关的位置；最后，洗手台正对主卧房间门，比较尴尬。

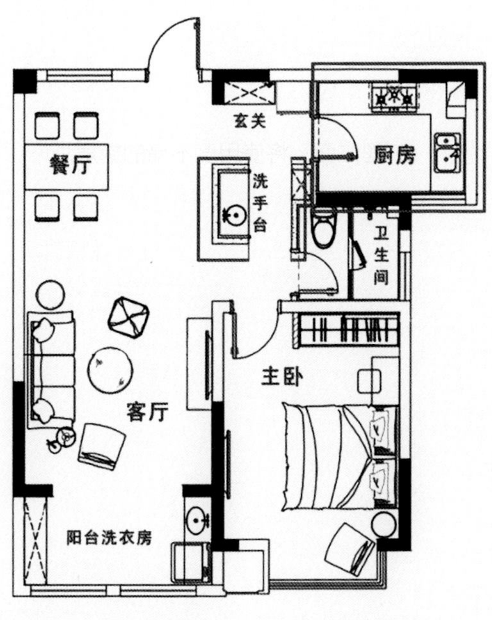

改造平面图

从改造平面图可以看到对原户型有两点改动：

首先，原来从大门进来后右手边本来是一个大厨房，由于屋主平时工作太忙，对厨艺又不是很精通，所以设计师把厨房的一部分区域划分出来作为入口玄关，还塞下了冰箱。冰箱放在厨房外面，一是考虑到厨房可能会有油烟问题，二是不怎么烧饭的话，冰箱放在外面，拿东西会比较方便。

其次，原来洗手台正对房门，屋主要求把这一点改掉。经过讨论，我们决定把它旋转 90° 。

玄关

原来的入户门非常普通，改造后的入户门与肉酱红说再见，用深色毛毡覆盖，还定制了黄铜门牌。

进门后便是从厨房“偷”来的玄关和冰箱的容身之处。玄关处的哑光面橱柜相当适宜，冰箱是后来换过款式的，最早定的款式比现在这个高，但是厚度超过了厨房入口门洞的宽度，美观上有影响，所以只好忍痛割爱了。

玄关处还有一面全身镜，尽头处是厨房入口。

在这个带点复古感觉的餐边柜的两侧各有一条走廊，左边便是上面所说的进厨房的走廊，右边则通向卫生间，中间有一个中岛洗手台，有一点像在酒店住宿的感觉。

中岛洗手台藏在这里。从房间那一侧看向洗手台，丝毫没有视觉阻碍感，再往前就是厨房。

客厅

客厅纵深较浅，因此用一面镜子来提升一下空间感。沙发边的陈设使用了马尾铁。客厅一角，铁艺的落地灯颇有文艺气息。

屋主不爱看电视，所以留了一面白墙以供沉思。

客厅里还有一张优雅的单人沙发，在沙发对面靠近阳台的地方放了个书架。

餐厅

由于预算有限，屋主自己买了较为便宜的餐桌，搭配了一张干净素雅的桌布。

餐厅里的很多物品都是网购的，比如这几把实木牛角椅，和餐边柜风格很协调。

厨房

厨房贴的小砖，由于施工人员贴砖技术不到位，导致贴出来没有达到预期效果，好在亚克力亮面橱柜弥补了贴砖的不足。抽油烟机、热水器还有水槽等其他物件基本也是网购的。

厨房原本光线不太好，因此厨房门选用了大面积的通透玻璃来缓解一下。由于初期没有想到这个细边框的门还需要墙体厚度，导致安装的时候出了点问题，不然现在看到的黑边框会更细。

卧室

施工过程中的卧室，看这情景，可能很难想象它改造后是什么样子吧。

由于房间本来就小，所以按照屋主的想法，没有在飘窗那边做储物柜。改造后，空着的飘窗延伸了卧室的空间感，让靠外的床看起来没有那么拥挤。

飘窗下，这个垫子可供屋主躺在地上玩手机。床头靠近飘窗的那一侧没有使用床头柜，而是放了一张小桌来代替。另一侧为了安置梳妆台，改了开关的位置，还把床往靠窗方向移动了。

卧室的门找了有正面覆盖轨道的移门来替换嵌入式轨道外露的移门。门板的亮面亚克力十分美观。

卧室的墙上挂了一张装饰画，梳妆台上则放了些很有质感的瓶瓶罐罐，随手拍一张都很漂亮。

卫生间

卫生间的改造过程很痛苦，结果还算满意，黑白搭配既干净又简洁。由于预算有限，马桶没有选择特别好的，可以以后再换。墙面贴的是黑白双色面包砖。

阳台

从正面看洗衣区，干净又整洁。阳台没有装晾衣架，那么衣服晾在哪里呢？这个不用愁，可以使用烘干机。

阳台右侧增加了收纳功能，哑光白色的橱柜虽然是最简单的款式，却非常美观，可能越简单越耐看吧。白色百叶窗虽然不好清理，但是阳光透过百叶照进来的时候真的超美。

阳台摆放的植物是琴叶榕和橡皮树，为空间增添了一点绿色与生气。

16 大厨房大浴室，整容级改造实现花房姑娘的梦

房屋信息

所在地	北京
户型	2 室
面积	50 m²
设计师	五明家居设计
费用	25 万元
装修时长	—

改造亮点

本案例最重要的改造在户型方面。首先是将屋主需求的厨房和卫生间外扩，特别是卫生间，除了洗衣、洗漱等功能外，还装进了屋主最想要的浴缸，对于本案例这样一个小户型来说，堪称奇迹。按照屋主的实际生活需求，去掉了客房，将省出来的空间改作他用，特别是引入自然光线，使空间整体都通透明亮起来。随之而变的是，将原始客厅改为餐厅，在原始主卧房门的地方做了一个飘窗连体衣柜，还更改了卧室门的方向。

设计师说

好的设计要让人实现理想的生活方式。那么，一个真正提高生活品质的家居设计是如何诞生的呢？屋主在与设计师沟通时，要尽可能描述你在这套房子里想实现怎样的生活，营造怎样的家庭关系，以及家人的相处方式是怎样的，而不是以传统对居室的定义去讲你想要几室几厅。

设计师从屋主的生活习惯出发，用自己的专业知识、技能、审美去帮屋主巧妙实现理想的家居生活，提升房子的居住价值。这才是一个设计师该做的事，更是屋主请设计师的价值体现。

本案例中，屋主理想的家是干净而有格调的，因此对房子改造怀有很高的期望：

1. 屋主喜欢泡澡，希望拥有一个大浴缸，但是不愿意站在浴缸里淋浴，最好有个单独的淋浴房，另外还希望能够实现卫生间基本的洗脸、收纳等功能。然而卫生间面积只有 2.5 m^2。

2. 屋主喜欢开放式的大厨房，想要大餐厅，别的空间都可以小点儿。

3. 屋主喜欢在客厅晒太阳，不喜欢没有阳光的暗厅。

4. 大量储物空间是必需的。

5. 屋主是一个南方姑娘，骨子里满满的都是对花花草草的爱，内心渴望家里能有一个花房，有点小情调。

改造前

先来认识一下面临改造的二手房。屋主刚收房的时候进去看了下，对户型不是很满意，感觉结构也不好，但是迫于房价飙升且房源紧缺，就买下了。户型结构是最大的问题，客厅没有阳光，布局不舒服。厨房只有 3 m^2，卫生间才 2.5 m^2，一个人进去空间就满了。

户型图

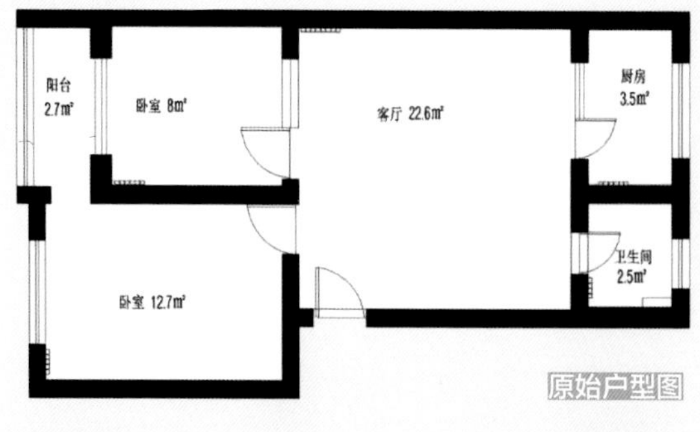

原始户型图

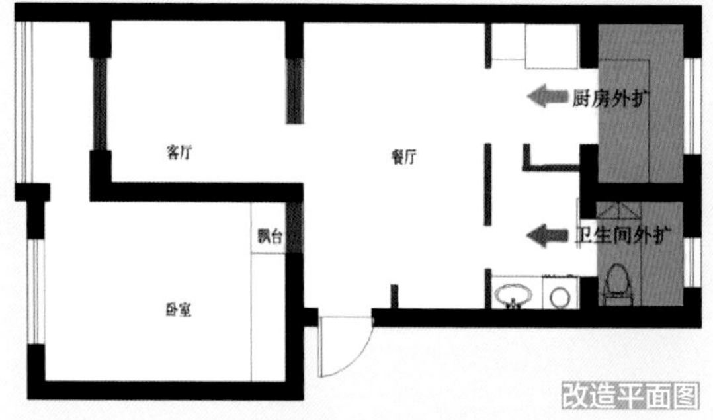

改造平面图

改造效果图

通过原始户型图、改造平面图和改造效果图的对比可以看到，为了实现屋主理想的生活方式，设计师做了以下结构改动：

1. 厨房、卫生间外扩，卫生间实现了干湿分离，具有浴缸、独立淋浴房和洗衣机、洗漱区等功能区，厨房则被改造成功能完善的开放式大厨房。

2. 去掉了客房，一居室对屋主来说已经足够，这个决定非常明智。屋主平时上班较忙，家里根本不来朋友，近几年也不会有孩子，觉得不值得备用一间客房等候不知何时会来的那位朋友。于是在改造时干脆把从前局促的 8 m^2 卧室打开改作客厅，空间整体都通透明亮起来，客厅、餐厅都有了阳光。

3. 把原始客厅改为餐厅，同时满足了储物和开放空间的需求。

4. 在原始户型主卧室房门的地方做了个飘窗连体衣柜，更改了进卧室门的方向。

客厅

客厅部分是利用原来的小卧室改造而成的，选择了屋主很喜欢的中古家具。这是真正的“中古”家具——中国古老的家具。屋主比较喜欢怀旧一点的风格，且这些家具干净利落好收拾。

由于屋主平时并不看电视，所以客厅的电视机也省了。

阳台上的花是在北京市场买的，平时生活节奏太快，屋主最想要的就是一个让人可以慢下来、彻底休闲放松的小角落。在一棵开花的树下画画、小憩，所有烦恼都会随之消失。

墙上中间那个小白圈是设计师设计的壁灯，晚上效果特别好，只不过照片拍不出灯光的效果。吊顶上的线条其实是灯带，晚上开灯就是一条亮线，对空间来说亮度足够。

这里就是屋主的阳光花房。整个客厅的配色都是黄色和绿色，真的是春意盎然。屋主那段时间很喜爱黄色，所以客厅的家具都选择了黄色系，和阳台的花配在一起，春天的气息扑面而来。沙发则是黄色和黑色的碰撞，带来视觉上的冲击。

家具的摆放方式可以很随意，怎么摆都很美。这种中古家具真的很有味道，再配一些复古的摆件，客厅的氛围立刻就出来了。屋主喜欢花花草草，喜欢阳光，喜欢画些有意思的小画，喜欢慵懒又精致的格调。

餐厅

理想中的团聚并不是一群人围坐在客厅里看电视，而是和朋友家人的聚餐、聊天，玩个桌游也是极好的聚会方式。于是将最大的空间留给餐厅，成为重要的小团聚的场所。

这个餐厅灯很别致，与餐厅的风格非常协调。小户型最大的问题大概就是收纳了，所以在餐厅定制了一整面墙的储物柜。柜子中间加了个胡桃木格栅，平时可以用来收纳行李箱、换季棉被、杂物等。屋主的收纳策略简单而巧妙，就是把杂乱无序都藏起来。

厨房

厨房本来很小，往外扩了一些，定制了储物的柜子。生活嘛，都是越过越多，所以储物真的是很重要的环节。灶台、水池、洗碗机、垃圾处理器以及冰箱都在这里，厨房功能十分完备。

在浴缸背后的角落做了柜子，平时可以当作操作台，烧水、煮咖啡或者泡茶都可以在这里完成。原本裸露在外的燃气热水器很突兀，管线也多，这么一遮挡，再利用剩余空间做两个搁板，实用又好看。

卧室

卧室房门原本与卫生间门相对，为了避免与卫生间空气对流，把房门改成一扇窗，可以灵活控制。衣柜顺势延伸，变身为飘窗，给卧室增加了一道小风景。闲时坐在这里看看书，也别有逸趣。

卧室中选择了屋主很喜欢的墨绿色，复古而高雅，还有助于睡眠。床边没有选择传统的床头柜，而是用一把小椅子代替。屋主不想千篇一律，自己的家一定要有自己的风格。

卫生间

原本只有 2.5 m^2 的卫生间，向餐厅外扩一部分后，成功打造为功能超强的卫生间。台盆、马桶、淋浴房、洗衣机还有浴缸，一个都不能少。

为了给浴室增加一点度假的气氛，设计师还贴心地空出一个可以摆放绿植的角落，放置一株有热带气息的橡皮树。想象一下，泡在暖暖的浴缸里，再配上音乐、蜡烛、香薰，这样的度假小情调可以给满分。生活就需要这样的仪式感，忙碌了一天，最放松的事情莫过于此。

这就是屋主姑娘的新居，自从住进新家后，屋主就改名叫“花房姑娘”了。屋主很感谢设计师把结构稀烂的“老暗小”化腐朽为神奇，实现整容级改造，从此住上了拥有大浴缸、大厨房、大餐厅的超美丽花房。

17 昏暗潮湿老房大改造，生活要有一点仪式感

房屋信息

所在地	上海虹口
户型	2 室 1 厅
面积	73 ㎡
设计师	小春（家的要素）
费用	28 万元
装修时长	3 个月

改造亮点

户型方面，将原先的封闭式厨房改为开放式厨房，将卫生间实现干湿分离。次卧的墙体推到和主卧平齐，让空间分布更加整齐。从原先的大天井分出一半空间做有洗衣功能的阳光房，主卧中则增加了衣帽间。虽然对墙体的改造看似不多，但改造后动线更加流畅，且有效改善了采光问题。

设计师说

屋主是一个单身女生，一个人住这套两居室，父母偶尔过来。房子是老小区带天井的一楼，略显潮湿阴暗。屋主的诉求是让家变得温馨明亮，并充分利用天井的空间。原始户型的厨房和卫生间都非常狭小、阴暗，客厅一侧的两扇窗外便是邻居的院子，采光不足，毫无隐私。此外，老房子生锈的铸铁管道杂乱无章以及不符合常理的尺寸、位置，也是拆旧后碰到的比较棘手的问题。在此案例中，我们针对各个问题进行了设计，满足了屋主的要求。

户型图

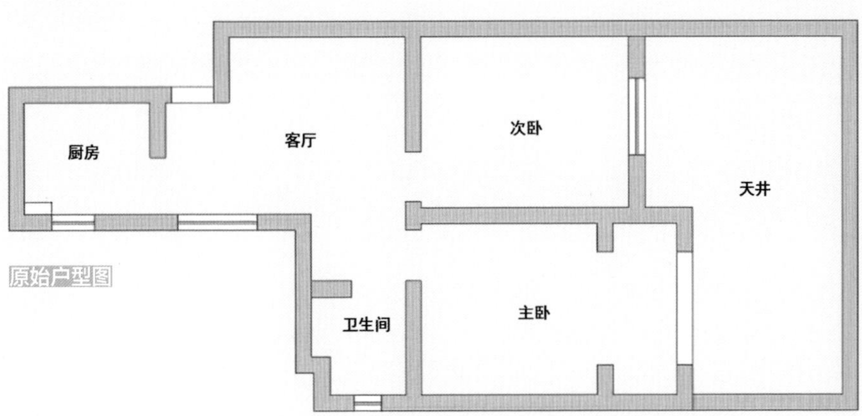

原始户型图

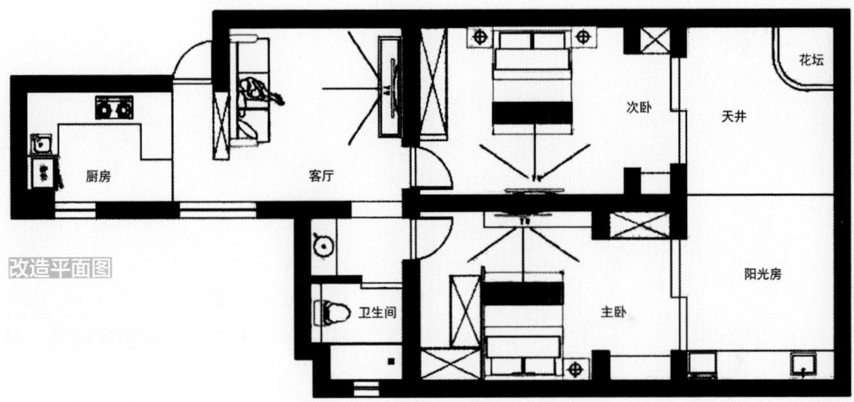

改造平面图

从原始户型图可以看出来，这套居室有着老户型的通病，经常使用的厨房和卫生间都很小，餐厅和客厅混合在一起，卧室却非常大。

从改造平面图可以看出来，针对户型特征和屋主的实际生活需求，我们对居室做了相应改变。首先，去掉厨房的墙体，改为带有小吧台的开放式厨房。其次，卫生间利用过道空间做了常规的干湿分离。再次，两个卧室墙体拉平后变为落地窗，极大地改善了空间阴暗潮湿的缺点，主卧还加了衣帽间。最后，天井一半露天，一半做了带有洗衣功能的阳光房，连接主卧，有休闲及餐厅的功能。

通过改造，动线更加合理流畅，采光有了大幅度提高，功能划分明确，空间更加宽敞舒适。

玄关

入口处沿着墙体延伸出了鞋柜，隔断出玄关的位置。为了增加通透感，一半是鞋柜，一半是换鞋凳，并用长虹玻璃实现隔而不断，透光不透影。右手墙上的置物架根据屋主身高定制，使用更方便。延伸出的鞋柜尺寸精确，增加了墙体的总长度，刚好可以放下一张三人沙发。走廊墙上还有一面穿衣镜。

客厅

客厅在玄关背后，地面用地板和瓷砖来区分不同的功能区。事实上这一区域是一个公共空间，客厅和干湿分离的卫生间区域、玄关及开放式厨房连在一起，最大限度创造开放流动的空间。全屋均是无主灯设计，光源均为 3000 K 暖白光，轨道灯则提供了客厅主展示的视觉重点照明。

电视墙用 3D 砖与木头拼接做了造型，不过没想到，屋主“双十一”购买家电的时候竟然只有这个对角线 165.1 cm（65 寸）的电视机，实在太大了。

厨房

厨房是带有小吧台的开放式厨房，地面和台面统一选用了灰色的水磨石花纹。五金洁具均采用了黑色，橱柜用了屋主最喜欢的灰蓝色。吧台带有挑沿，刚好够两个人坐在这里用餐。

卫生间

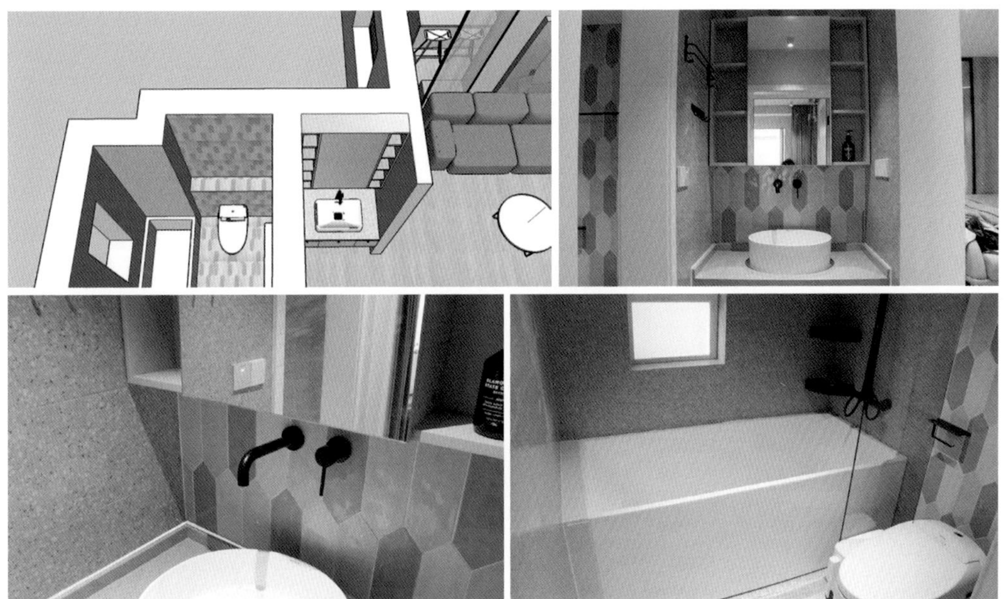

通过卫生间 SU 模型图和实景图可以看到，台盆柜和镜柜完成度都很不错。墙上是入墙式水龙头，水磨石花纹和箭型小砖的搭配为空间增加了几分活泼感，点缀了黑色的五金，温柔里又有点酷的感觉。砖与砖之间做了美缝，不用担心打扫问题。

浴缸是屋主强烈要求的，为了日常淋浴方便，我们在淋浴区与马桶之间加了一块钢化玻璃。这里一样是水磨石与小花砖的搭配。

卧室

次卧的墙体推了出去，和主卧墙体齐平，可以直接步入院子，整个空间的采光有了大幅度提升。墙体推出去后多出来的空间放置了柜体和书桌，一来增加了储物空间，二来有了办公区域。另外，次卧的床头柜上装了一个平衡仪。

香槟色的丝绒窗帘和乌云墙纸搭配起来很有品位。等到春天，院子里的红枫长出绿芽，这里的风景会更好看。

全屋定制的柜子采用了爱格板与烤漆板。爱格板特有的纹路很有质感，搭配了精心挑选的皮扣。

主卧床头的墙纸是定制的灰线细格，窗帘用了丝绒材质的蓝灰色，搭配丝绒材质的橡皮粉，于是屋主最爱的两种颜色都齐全了。

主卧的动线是“床—梳妆台—带有洗衣功能的阳光房”。右侧帘子后是步入式衣帽间，由于拍摄当天尚未清理，因此没有拍照。帘子的使用不但增加了房间的色彩，也让空间显得比较轻盈。

屋主选购了很多智能家居，比如空气净化器、投影仪、扫地机器人、智能门锁、智能插座和智能管家等，科技的力量让屋主的家更加舒适。

天井和阳光房

阳光房放了懒人沙发，屋主平时可以在这里看书、休息，顶端则装有窗帘，自由控制整个空间的采光。

天井里的两棵植物都是原先便有的，为了让两棵树继续生长下去，我们砌了一个花坛，加了一个花盆。

折叠餐桌平时可以作为精致的小边几靠墙放置，翻转后则是餐桌，可供屋主和亲人朋友在天气好的时候一起在院子里聚餐。

18 空间一体化，美式风格让房屋如同置身欧洲小镇

房屋信息

所在地	江苏南京
户型	1 室
面积	47 m²
设计师	熹维设计
费用	12 万元
装修时长	—

改造亮点

户型方面，保留了大部分原始结构，未做任何隔断来划分功能区，而是用一定的设计手法打造了一个客厅、卧室与书房相融合的整体性很强的空间。风格方面，美式风格让这间房屋别具一种洋房味道，特别是房屋所处的小区也很像一个欧式小镇，室内与室外的风格堪称完美结合。

设计师说

本项目的屋主如这套作品给我们的感觉一样，温暖、浪漫，有一颗少女心。对生活充满热爱的她偏爱美式风格，追求浪漫的生活格调。

由于设计师也是个可爱的妹子，两人一拍即合，致力将这所小而精巧的单身公寓营造出现代温馨的感觉。希望这个小屋能给可爱的女主人带来欢喜，让她在这里感受阳光洒落的温暖。

户型图

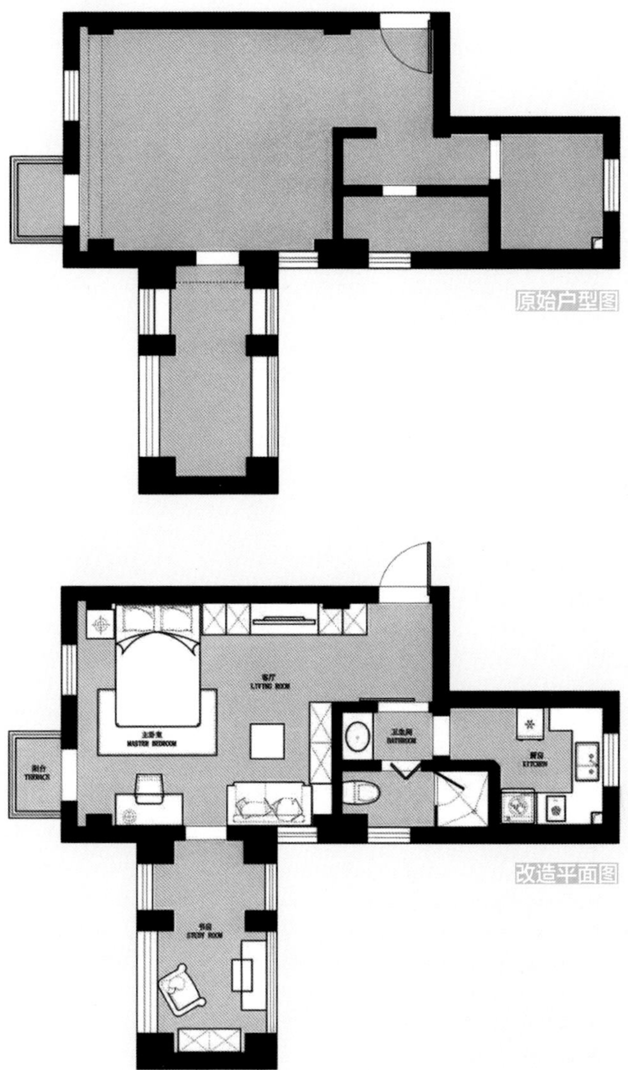

原始户型图

改造平面图

从原始户型图和改造平面图的对比可以看到，设计师虽然保留了房屋的大部分原始结构，但并不意味着对它的改造是妥协的。相反，这更考验设计师对功能区划分及安排的功力。

客厅

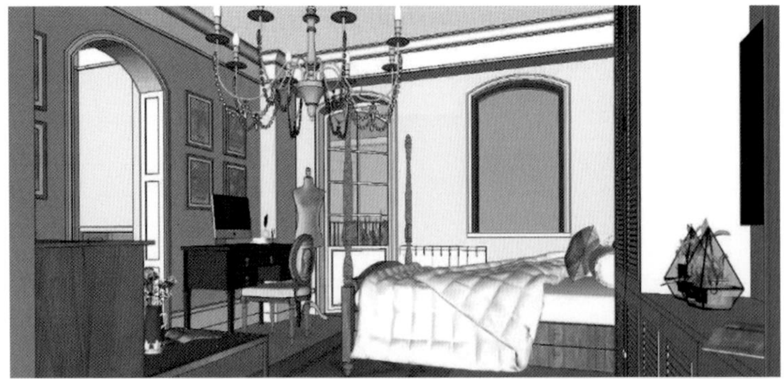

客厅、卧室和书房融合为一个区域，设计师保留了大部分房屋的原始结构，未做任何隔断来进行功能区划分。通过SU模型图对比实景图，可以看到实景图的效果达到甚至超出模型图，非常精致美观。

电视机柜与衣柜结合在一起，定制的柜子满足了大部分功能需求。即便使用了大量白色调，却依旧巧妙地通过色彩与材质的配合，避免了冰冷与乏味的感觉。

做旧木质感的餐边柜以及木质与黄铜结合的茶几，从风格、材质到颜色搭配均达到和谐统一，散发着精致与美好。

客厅区域拥有一个造型简约却十分精致的拱形门，搭配了一张小巧温馨的双人布艺沙发。

在这个温馨小屋里更多的是“融合”，各个功能区相互独立而又紧密联系，这是属于屋主的温暖之所。

厨房

厨房区域，橱柜选用了冷色调的蓝灰色系，与客厅的浅灰色相呼应，同时中和了空间的暖色调。花砖的铺设满足了屋主审美的要求，清丽而不张扬。

卧室

SU 模型图对比实景图，几乎没有差别。有张充满美式风情的四柱帷幔床，白色的帷幔搭配着木质床柱，用沉稳的质感调和了白色的张扬。线条柔美的结构、造型与周围的美式风格家具相得益彰。整个空间都飘扬着浪漫、甜美的气息。

床头柜选择了黄铜与玻璃的组合，在削弱了木质沉重感的同时增添了一抹时尚感。

卫生间

盥洗区域，从厨房向这个空间望去，空间很有延伸感。

白色谷仓门配合卫生间定制的浴室柜与电视机柜，在造型及颜色上都达到了统一，整个空间秩序井然。“网红”小白砖搭配浅灰墙面，气质优雅。

书房

设计师将这块区域设计成了书房。通过书房区域 SU 模型图对比实景图，可以看到非常典型的美式风格。书桌选用了稳重的黑色，这恰是整个空间的压重色，定制的书柜则延续了做旧木元素。墙上的装饰画、桌上的小摆件都与客厅中的元素相呼应，整个室内搭配有序，却绝不乏味。

屋主对古筝情有独钟，于是在空间中留了半圆形凹槽，用来放置古筝。温暖的午后，伴着阳光，有音乐、书籍，生活如此惬意。

用局部带亮全屋

本章 5 个案例，重点在于从某一点、某一个局部破局，进行有针对性的设计改造，以点带线、以线带面，从而达到整体改造的效果。

★打造一个特别的阳台、露台或院落，往往可以成为一个空间的亮点

★不同的屋主有不同的需求，有的需要衣帽间，有的需要吧台，还有的需要收纳最大化。只要功夫深，什么需求都难不倒设计师

★改造空间有很多方法，哪怕一块搁板、一扇隔门，设置起来都是学问

★牵一发而动全身，从某一点切入改造，可能会带来意想不到的整体效果

01 让阳光洒满客厅：院落变身复古花园洋房

房屋信息

所在地	上海长宁
户型	2 室
面积	78 ㎡
设计师	Cloe Chow
费用	8 万元
装修时长	1 个月

改造亮点

风格方面，发挥空间独特的优势，将原始的普通民居改造成具有老洋房味道的新居，让原先破旧的院子大变身，成为富有情调的场所。细节方面，整屋的拱形门洞设计增添了房间的韵味，一股 20 世纪 30 年代的年代感呼之欲出。

设计师说

这个家可以带给屋主想要的生活方式，也希望来这里的朋友可以开心地享受这种惬意。推开落地窗，外面是户外小花园，室内空间和户外空间互融，让城市中忙碌的人享受自然的美好。

设计师一直都极力主张让室内空间与室外空间交流。比如，房间内处处都能看到一抹绿色，院外延伸进来的法国梧桐树与小院自成一体。设计师希望把自然的力量带到这个小公寓。这个空间内，屋主可以独处，可以和三两朋友聊天，也可以烹饪。

在夏季，趁着好时光，好好吃早餐，好好喝酒，惬意的生活是设计师想带给大家的体验。

户型图

通过户型图可以看到房子的整体面貌。此户型最大的优势便是拥有一个院落，所以设计师抓住这一点，为屋主打造了一个城市里可遇不可求的露天花园。

改造前

改造前的房子属于上海典型弄堂里的老房子，除了一面绿色的墙还算不错，整体上非常老旧，尤其小院子，基本是用来堆放杂物的场所。设计师第一次看到这个院子时直呼太浪费了，要知道，在上海市中心能有一个小院子，简直就是别墅般的体验啊！

玄关

一进门拾阶而上，便是玄关。改造后，整屋的弧形门洞设计让人眼前一亮。

从玄关望向客厅，非常有空间感。

客厅

整屋的旧木地板全部予以保留，斑驳的印迹增加了复古的氛围，仿佛在娓娓诉说着 20 世纪 30 年代那些关于“大上海”的故事。

由于客厅整体空间比较小，为了充分利用起来，沙发区的一侧用帘子做了简单隔断，隔出来一个相当于“次卧”的休息区，既保持了整体的空间感，也足够舒适。沙发旁边的边几，一点红色点缀出一抹亮丽。

这个房子的优势还有全景天窗，整面玻璃天窗让房间明亮又充满情调。晴天时看天空的感觉是一般房屋所无法带来的独特体验。把玻璃窗的遮阳帘全部打开，整个房间被阳光肆意填满，阳光透进家里，落在手心，仿佛瞬间便握住了一段美好的时光。

餐厅

从餐厅望向客厅，仿佛有些幽深。餐厅区的绿色元素和客厅相呼应，搭配简约的实木餐桌，清爽简单。餐桌上摆放一些装饰物，让空间多了几分生气。

厨房

在这里，设计师做了一个开放式厨房，明亮的白色让空间显得更加开阔。厨房一角的记事板非常温馨。设计师平时很喜欢做饭，朋友们来聚会时，也都会在厨房大展身手。定制的实木台面美则美矣，不过不太容易清理，需要勤快一点才能保证台面干净。如果想要使用类似的设计，请一定要考虑这一点。另外，在定制台面的时候顺便把洗衣机也安置了进去，既然房子不大，就要想办法把能利用的空间都利用起来。

卧室

设计师将老房子里留下来的闲置木料拿来切割改造成了置物架。用垫仓板做床板，经济、美观又实用。

主卧和花园连通，天气好的时候，开着房门，可以享受自然。

卫生间

两个卫生间都做了简单的干湿分离，干净又整洁。

院子

改造后的户外空间变成了 20 m^2 的花园，从此这里既可以一人悠闲独处，又可以跟朋友聊天喝茶。推开房门就可以漫步在花园，看猫咪跑来跑去。夏日在这里吃烧烤、喝啤酒，静静地享受城市中的自然空间。

院墙外种满了法国梧桐，绿意延伸到小院，无论什么季节，都有不一样的风景。

零星地下了一会儿小雨，雨后的院子混合着自然的味道，清新怡人。约上三五好友，在院子里一起烧烤，生活十分美好。

02 阳台化身花园餐厅，毕加索画作提升艺术气息

房屋信息

所在地	上海徐汇
户型	2 室
面积	76 ㎡
设计师	Eva
费用	16 万元
装修时长	3 个月

改造亮点

房型方面，发挥原始空间的优势，将阳台改造成室内花园，为家居增添了绿色与生机。色彩方面，配色古典，特别是结合画作的相关设计，更加提升了空间的艺术气息，让人置身其中，不由自主地接受一番艺术的洗礼。

设计师说

要造就一片乐园，只需要一盏灯、一本书和一个“白日梦”。这套房子是由一所私宅翻新改造的民宿，用于出租。风格定位是时髦优雅，以毕加索的《梦》系列为灵感，打造了这个蓝白为主题色的空间。家是一个人的精神角落，是最适合做“白日梦”的地方。一个人看书，两个人吃饭，用荒诞对抗平淡，你我都可以把稀松的日常生活过出仪式感。

户型图

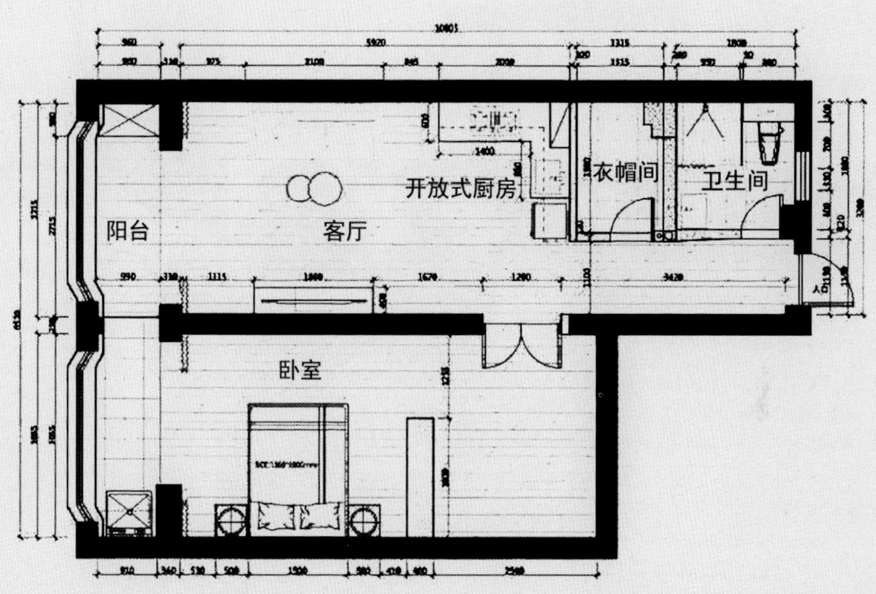

户型图

从户型图可以看到空间的概况。

客厅、厨房、阳台、卫生间等作为生活动区在一条线上，卧室则作为生活静区在另一条线上。动静两区互不干扰。

在这个户型中，重点打造了阳台，将其做成漂亮的花园餐厅，成为整个房屋的一个亮点。

客厅 »

客厅主墙面使用石膏装饰线条打造古典风格的基底，石膏线宽 4 cm，沙发长 2.1 m、高 0.75 m，沙发背部距离上方石膏线约 25 cm。建议大家贴石膏线前先画一个立面图，把沙发尺寸放进去看一下感觉。

沙发使用了经典的贵族色——宝蓝色，成为客厅中最重点的色块，而在造型上则选取简约现代的直线条造型来中和古典的背景，让整体风格在两者之间折中。主装饰画来自《入梦的特蕾莎》，为整个空间点题。沙发抱枕提取画作中的蓝白红进行搭配，为空间增添亮色，窗帘则用米咖色来缓和纯度较高的宝蓝色带来的视觉冲击。家具中大理石和金色黄铜材质的贯穿增加了优雅时髦感，做旧的鱼骨拼接地板则营造出一种复古质感。裸女半身石膏像呼应装饰画的女性主题，为空间增加艺术气息。

简约的黑色铁艺装饰架中和了硬装的古典气质，让整体风格有了一丝现代感。红色的书籍和装饰盘中的红唇呼应着沙发靠枕和装饰画中的红色点缀色，两个魔方算是对立体主义的小小致敬。架上超现实风格的挂盘和云朵装饰呼应着“白日梦”的主题，墙上的黄铜烛台则平添一分精致的时髦感。

原来的单开门现在改为双开门，并抬高门框，门高 2.26 m，有拉升层高的效果，让客厅看起来更加大气。把手也是选择了和厨卫一样的白金色搭配进行统一。

电视柜是定制的。如果说宝蓝色沙发是客厅中的“女一号”，那么毫不张扬的白色电视柜则安静地充当着空间中的“女二号”，亚金色的金属柜脚优雅地呼应着金色的点缀色。

厨房

开放式厨房可以增强家人之间的互动，不过不适合重度油烟。厨房瓷砖选择了和阳台地砖相呼应的几何图形，采用纯白色是为了和橱柜形成一个整体色块，再搭配黄铜把手，显得更加干净精致。空间中的家具五金基本都采用了金色，搭配主色调的蓝白色，突显干净雅致的质感。

阳台

我们将阳台区打造成一个小小的室内花园，可以邀请两三好友一起来喝个下午茶。球形的吊灯呼应空间内其他的球形灯具。

大理石餐桌搭配绒面的Gubi风格餐椅，呼应了整体的蓝色主题，优雅迷人，咖色的甲壳虫椅为定制座椅。

餐桌上的小老鼠灯增添了趣味性，黄铜和玻璃两种材质的花瓶让层次更加丰富。蓝色绒面的窗帘和白色窗纱呼应了蓝白主题色。怎么样，这个花园餐厅是不是很迷人呢，有条件的话，不妨在自家也开个小小的花园餐厅吧。

卧室 »

从客厅望向卧室，透过双开门，视线落在了一个梦幻的角落——最经典的《梦》张开双臂邀你入梦。灯一盏，书一本，椅一把，白日梦一场，管它今夕何夕。

卧室中间采用铁艺隔断，既有功能性，又很好地分隔了空间，同时和客厅的装饰架相呼应。由外部客厅的动，到读书休闲区的半动半静，再到卧室区的完全安静，渐入梦的佳境。

阅读区的一面深蓝色墙面和客厅在色彩上产生了关联，客厅中的辅助色在卧室成为主题色。而蓝色背景衬托出与之对比强烈的红色沙发，将客厅中小小的点缀色在此处进行了特别强调，增加一分戏剧感。

事实上，阅读区设计非常灵活，加张沙发床可变客卧，加张小床可变儿童房，加衣柜可变半开放式衣橱，加书桌、书柜则可变书房，玩法多样，因需而变。卧室墙面选用的是立邦灰蓝 NN7830-2 和暮色灰 NN7360-4，色调从客厅明亮的白色变得越来越沉静，仿佛由晨间步入夜晚，白色逐渐消失，蓝色渐成主角。

来自野兽派的蓝石莲床品套件、祖母绿的丝绒手绗被让整个睡榻显得成熟而高贵。伴着卡波蒂的短篇入梦，置身旋转魔方中，你在梦境的第几层?

卫生间

卫生间和厨房一样，用同种感觉的白金搭配。相对于客厅和卧室，这两个空间是配角，因此只要和主空间在调性和元素上有延续性即可。由于空间中的大色块是白色，所以用对比色黑色的地砖缓解长时间注视白色后的视觉疲劳。

浴室柜全部更换成黄铜五金配件，呼应金色和白色的色彩主题。在卫生间使用吊灯不仅有照明作用，还有很强的装饰感，如月亮一般的圆形灯具作为每个空间都有的线索，串联了故事主题“梦”。吊灯投影在圆镜中，形成一种如梦如幻的美感，也使空间更具整体感和趣味性。

储藏室

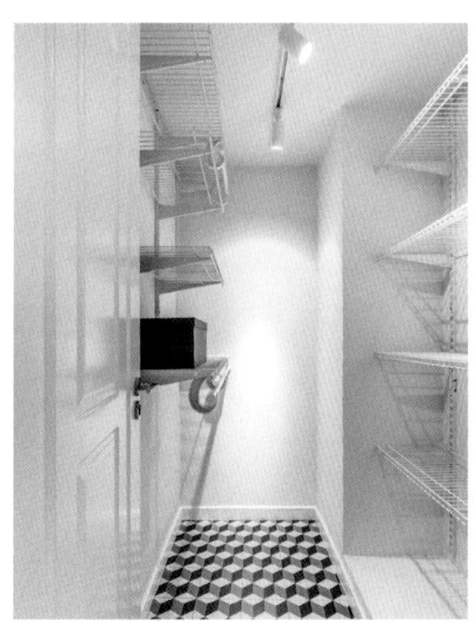

储藏室装了阁室美的搁架，小空间也能放下不少东西。这里可以用收纳箱放置杂物，也可以作为步入式衣帽间，解决家庭最头疼的杂物和衣物两类储物问题。储藏室地砖和阳台地砖相呼应，色调上选择黑白灰，干净利落；款式上选择时髦现代的立体几何造型，有种梦境中纵深错落的超现实感，和“白日梦”的主题相呼应。5 W 的轨道射灯，在小空间里发挥最强的功能性，既能照明，又完全不抢风头。

03 二手“老破小”华丽变身，折叠门拯救客厅采光

房屋信息

所在地	上海浦东
户型	2 室
面积	65 ㎡
设计师	家的要素
费用	12 万元
装修时长	3 个月

改造亮点

户型方面，原始客厅连接次卧，两扇玻璃移门阻碍了客厅采光，导致屋子里较为昏暗。因此本案例最重要的改造在于解决客厅采光问题，解决问题的方式便是安装一个折叠门。

设计师说

房屋在改造前是很典型的老气精装房，对于要不要改造这套房子，屋主叉子一家人也有过讨论。因为大概过几年就会换房子，所以家人都建议沿用原来的装修，随便买点家具、家电即可。这套房子主要是叉子小两口居住，她对新家还是有一定期待的，因此坚持改造。最终叉子说服了家人，并成功收获一个满意的家。

户型图 »

户型图

从户型图可以看到，原户型不算好也不算差，优点在于各空间分隔明确，缺点在于客厅采光太差。

屋主对房间改造有个性化需求：首先，夫妻俩都是游戏迷，希望能有一个玩游戏的空间；其次，客厅的采光不太好，而且客厅连着次卧，希望白天用的时候能保证采光，晚上又有隔断作用。

客厅 »

房子面积不大，一进门就是方方正正的客厅。鞋柜放在外面的走廊里，因为里面客厅空间比较局促，再放柜子就显得太拥挤了。

客厅连着次卧，前任屋主用了两扇磨砂玻璃移门分隔空间，平时一半关一半开，客厅采光很不好，屋子里一直比较昏暗。改造后，设计师用折叠门完美地解决了这个问题。

云团沙发体量小、设计感强，很适合小户型，使空间看起来不会拥挤。

在入户门右侧的墙上装了一组挂钩，既能装饰白墙，又能放一些随身的包包和大衣，逛街回来的购物袋也可以在此收纳。

两人休息的时候，可以在客厅玩玩游戏，放松一下。这里也是叉子最喜欢的空间，用她的话来说就是“感觉有一种童话气息和独特的温馨感”。

餐厅

餐厅和客厅在同一空间。因为预算的关系，餐厅的实际效果和最初的设计方案有一些出入。如果能重来，设计师希望把餐厅和客厅规划得独立性更强一些，比如做半墙隔断。如今的餐厅也不错，一些常用的餐具洗好后可以直接放在餐边柜里，下次再用时随手就能拿到，很方便。

在靠近阳台的地方，还有一处温馨的读书角。天气好的时候，坐在这里晒晒太阳、看看书，很舒服。

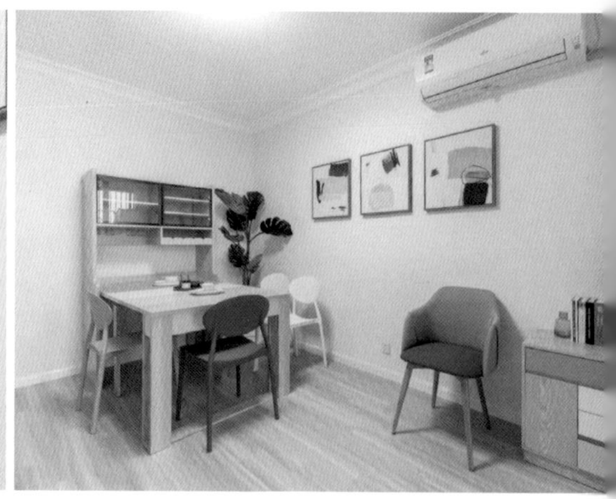

餐桌和餐边柜是一体式的。餐桌是可拉伸的，平日里收起来，节假日亲朋好友过来时再展开，最多可容纳六人围坐聚餐。

空间的色彩搭配主要是木色和一些鲜艳的跳色，偏淡雅、温馨的风格，这也是叉子喜欢的搭配。

厨房

一进门，右手边就是厨房。改造前的厨房比较老气，但因为过几年可能要换房子，墙面和地面就没有做大的改动，只是贴了墙纸和地板贴。

我们特意挑了亮眼的明黄色热水器，为功能性空间增添了一分活泼。

千石阿拉丁烤箱非常美观，在日本很受欢迎。女主人用这么好看的小烤箱准备早餐，心情也会很好吧。旁边的拓展插座很实用，家里小电器多的朋友可以考虑购买一个。

叉子把他们旅行时的照片做成了冰箱贴，贴上后，空间瞬间有了专属的印记。另一面墙放置了可推拉的收纳柜，可以放不少东西。总之，充分利用墙面，做足垂直收纳。

厨具大多是白色系，搭配一两件跳色，和屋子的整体色系相统一，而且也很美观，这才是年轻人愿意进去做饭的厨房。

主卧

卧室的主色调是灰色、白色和木色搭配，静谧自然，非常适合放松休息。主卧的床自带收纳，床头可以放手机或者睡前看的书。在阳台一侧还安置了一个梳妆台。

这次改造中，让屋主和设计师都比较遗憾的一件事就是没有换掉原来深红色的地板和门套，一定程度上影响了整体效果。床头的可充电设计由一个 USB 接口和一个两孔插座组成，方便手机充电和台灯照明。床下有储物的大抽屉，可以放换洗的四件套或者内衣、袜子等小件衣物。

阳台另一侧的收纳柜可以收纳不少东西。这个柜子是原来就有的，后面改了一下格局，增加了一块隔板和上面的晾衣杆。

次卧 »

次卧和客厅之间安装了开放式折叠门，拯救了次卧的采光。这个折叠门采用的是吊轨式，不用担心落灰不好打理。白天，拉开折叠门，光线能一直进到客厅，整个屋子都很明亮；夜晚，关闭折叠门，空间被分隔，次卧便有了自己的空间独立性。

由于次卧目前是作为客房和书房使用，所以把有限的空间都让给了书桌，用衣帽架替代厚重的衣柜。次卧的地台床是黑胡桃木材质打造而成的，有个大抽屉，兼具实用与美观。

卫生间

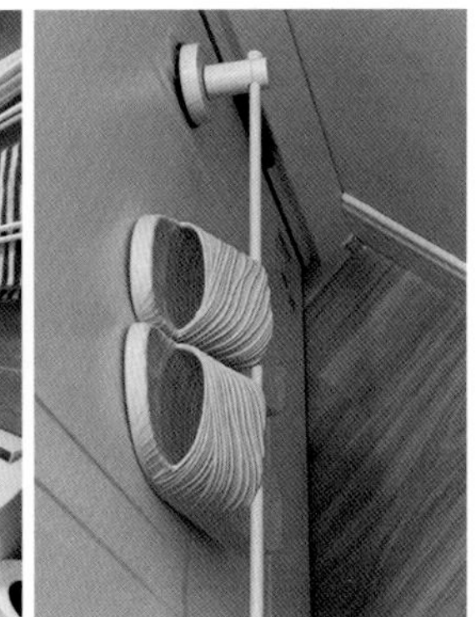

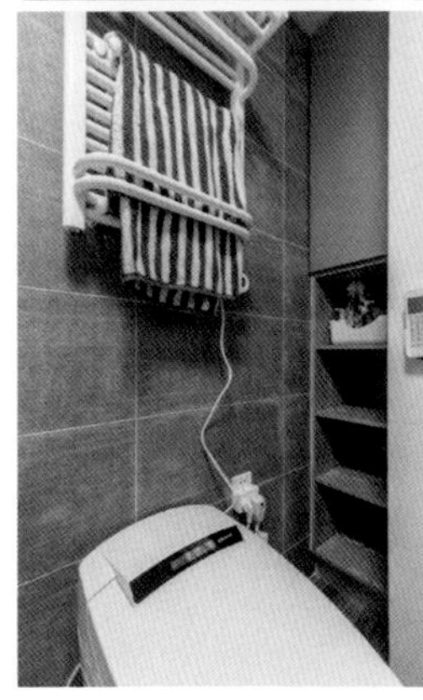

改造前的卫生间，台盆是放在外面的，叉子希望新家能有一个泡澡的浴缸。要把浴缸运进来，就必须把门的尺寸扩大到 800 mm，这样整个卫生间的格局都要调整。改造后的卫生间，将台盆移到内部，家里只有两个人，不会有太大的干扰。

格局调整后，新加了隔墙固定，设计师利用凹进去的空间做了一组收纳柜，可以储藏日常清洁用品等。

智能浴室镜开灯时，光线柔和，女孩子平时开着灯化妆，还是很方便的。

阳台

洗衣机和烘干机叠放在一起，中间用架子固定，基本能解决洗晒衣服的需求。天气好的时候想晒晒被子，可以使用外面的晾衣杆。

04 客餐厨全打通，让落地窗尽情发挥采光威力

房屋信息

所在地	上海静安
户型	1 室
面积	37 ㎡
设计师	王中玮
费用	13 万元
装修时长	—

改造亮点

户型方面，因为是过渡性住房，所以整体布局改动较少。在物业允许的情况下，对非承重墙做了局部调整。采光方面，改造了原始房型中阻挡阳光的厨房隔断，充分发挥落地窗的优势，让自然光线尽可能多地照进来，提亮空间的同时，也温暖了家中每个角落。

设计师说

这套房子是上海中心地段的学区房。建筑面积超过 70 m^2，实际使用面积才 37 m^2 左右，得房率实在低得吓人。不过为了孩子上学，屋主也只能忍了。原来的装修虽然能继续住，但屋主总感觉缺了点什么，所以找到我帮忙改造，希望可以“住得更好一些”。

初次到现场就感觉空间十分局促，尤其是站在客厅的时候。中间的厨房隔墙不仅阻挡视线，也让整个厨房变成彻彻底底的暗室，一点自然光也没有。客厅明明有大落地窗，采光优势却没发挥出来。我们通过改造，打通了这一片区域，让自然光线照射到每个角落，空间变得开阔又敞亮。

户型图

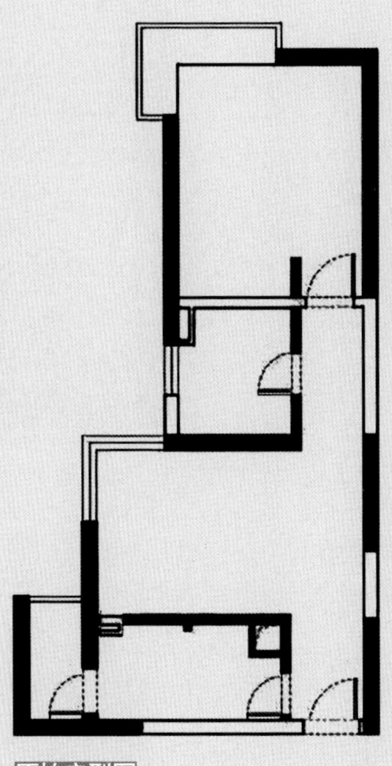

原始户型图

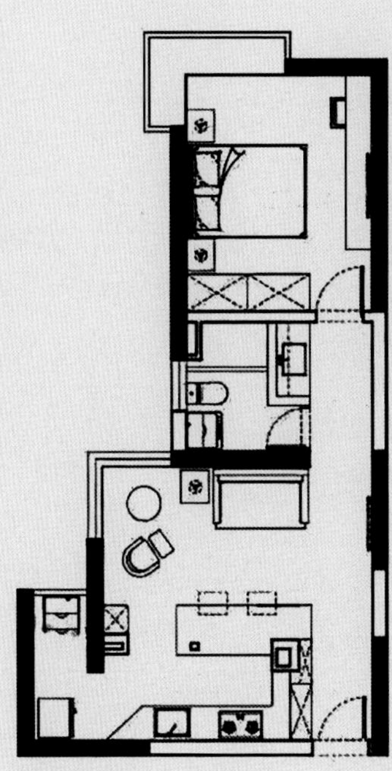

改造平面图

通过原始户型图和改造平面图对比，可以看到空间的布局变化，由于是过渡性住房，所以为了控制成本，整体布局的改动较少。在物业允许的情况下，我们对非承重墙做了局部调整。从平面图上看只动了一点点布局，实际改造效果却非常惊艳。

客厅 »

由于厨房隔墙的关系，改造前的客厅整个空间显得狭小拥挤，而且没有就餐区域，吃饭只能靠沙发和茶几解决。明明客厅的大落地窗采光很好，可惜光线根本照不到厨房。

屋主同意模糊客厅的概念，因为平时极少看电视，反而看书和用电脑比较多。基于这一点，设计师打破了传统的客厅、餐厅、厨房各自为界的布局，将三个独立空间融合在一起，充分利用小空间的每 1 m^2，让家里不会显得局促。需要注意的是，空间互通的做法有别于传统布局，在公共区域舍弃私密性，却能最大限度地保证空间的通透性与视觉效果。

客厅有落地窗，真的很难得，又因楼层高、无遮挡，自然采光和视线都极好。改造后，设计师将自然光线引入整个空间，随景如画，感知四季。窗帘上还有一点小小童趣，成为空间中的一个小点缀。

需要注意的是，关于落地窗的装修，建议有宝宝的家庭尽量不要节省，最好用大理石窗台板。因为小朋友很喜欢踩在这个高度的窗台上，大理石窗台板更容易清理。另外，再提醒一下注意安全。

为了不浪费大落地窗，我们在自然采光最好的地方营造了一处意境十足的休闲区。天气晴朗的时候，坐在这里看看书、喝喝茶，心情愉悦而放松。

悬垂的吊灯文艺气息浓厚。白色半透明纱帘唯美至极，垂感和柔顺度值得打 120 分，纱帘底部还加了特制的铁块增加重量，让纱帘不会总飘起来。

餐厅

开放式客餐厅有利于日常互动。比如，在厨房做饭时也能看到在客厅、阳台的家人，方便照顾小朋友。

餐厅的墙上放置了一个收纳架，可以摆放小的装饰品，让空间多一些点缀。

餐厅边上的收纳柜用了大面的无把手门板，因为这里动线比较集中，减少衣柜把手可以避免伤到奔跑中的小朋友。

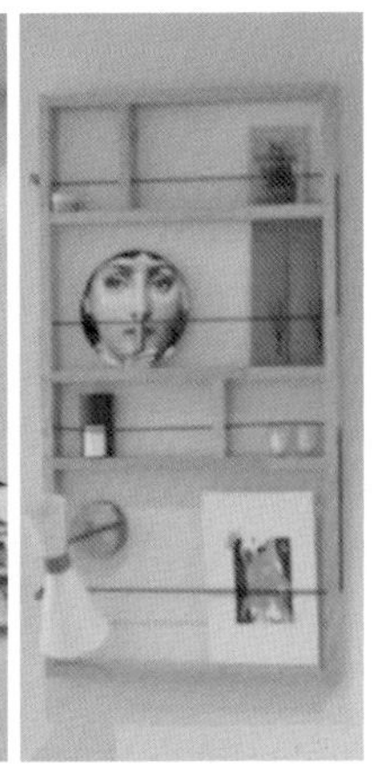

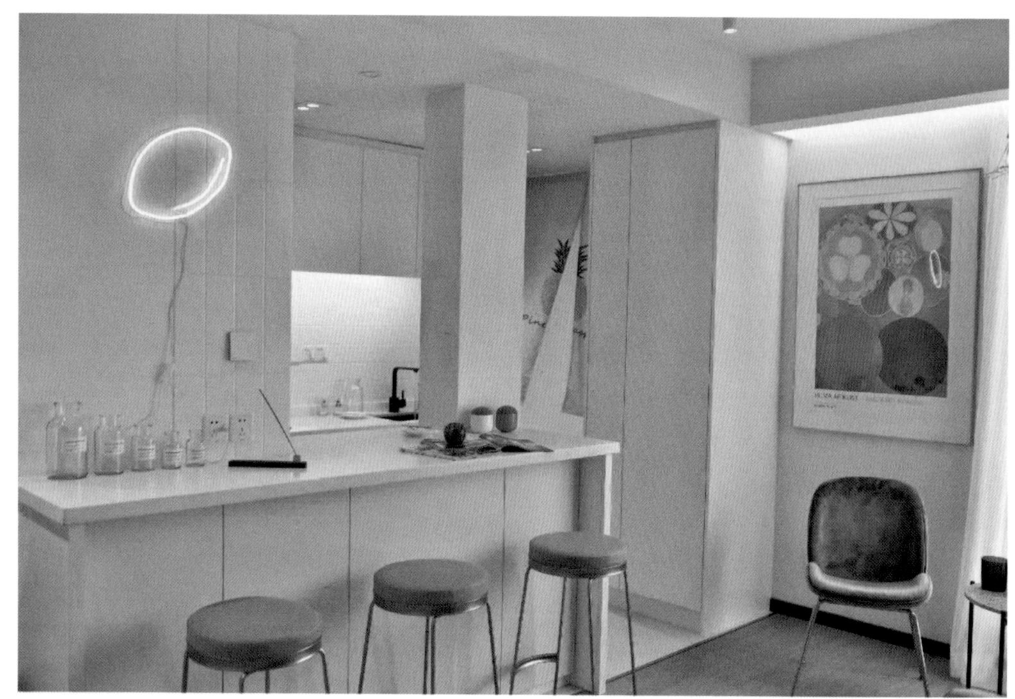

这里的吧台有三种功能：

一是由于厨房空间有限，这里可以补充为操作台面。1 m 的高度略高于传统厨房台面，也更方便站着切菜备餐。

二是充当厨房的隔断，起到“隔而不断”的视觉效果，减少小空间里的视线阻碍感。

三是兼作餐桌，解决以前只能在沙发、茶几上吃饭的尴尬，而且不占用其他空间，整个客餐厅宽敞而不局促。

厨房

改造前的厨房因为隔墙的关系，采光被阻断，厨房彻彻底底变成了一个暗室。

改造后，橱柜内部预留了灯槽，除了有操作照明的作用以外，还能营造温暖柔和的氛围，走进厨房会让人有一种幸福感。需要注意的是，操作灯槽要提前预留灯线，安装 T5 灯管，色温选择在 3000 ~ 4000 K 之间均可。

因为厨房不大，所以整体用了干净的白色，加上合适的灯光，让空间尽可能纯粹，视觉上看起来更舒服。墙砖用的是肌理感更丰富的小砖，明晰的线条分隔可以拉伸视觉感。需要注意的是，厨房如果用小砖铺贴，建议加做美缝，否则在油烟作用下时间久了，部分近灶台的砖缝会发黄，从而形成色差，比较难补救。

橱柜的最右侧预留了开放式隔断。因为厨房台面不足，抹布、洗洁精等潮湿的物品可以集中收纳在这里，给台面留出更多操作空间。除了已有的收纳，墙面上还可以加装收纳挂钩，增加实用性。

卧室

改造前的卧室只能满足基本的睡觉、储物功能，除此之外就没有其他设计了。大飘窗的优势没有利用上，墙面也没有经过任何处理，显得有些简陋。

改造后的卧室，墙面借由飘窗的上下沿做了延伸的分色处理，这样窗洞看起来不会显得很突兀，颜色是屋主喜欢的色彩组合。定了墙面颜色之后，再搭配同色系窗帘与之相呼应。

需要注意的是，分色墙面施工工艺是将美纹纸贴于颜色分界处，并遵循“先浅后深”的上色原则进行描线，之后将美纹纸撕开，局部修补即可。上色顺序一定要先浅色后深色，因为如果将顺序搞反了，浅色的面漆很有可能盖不住深色，出现渗色的情况。

飘窗台上是从网上定制的飘窗垫，厚度可以自行选择，3 ~ 8 cm 都属于常规厚度，厚度越大，坐感越软。

卫生间 »

卫生间空间也不大，为了避免晨起上厕所与洗漱冲突，我们将洗手台挪到外面，做了彻底的干湿分离。

台盆上方用镜柜替代了镜子，这是一个集中收纳零散小物件的神器。墙上的电热毛巾架在阴雨天气很实用。下方是预留的洗衣机位置，因为拍摄时洗衣机还没到位，所以暂时空着。

如果担心浴帘外会溅水，可以在买浴帘的时候将其适当做长一点，拖地 3 ~ 5 cm 就行，配合淋浴房的挡水条，水会顺着帘子回流到淋浴房，这样就不会溅得到处都是了。

走廊

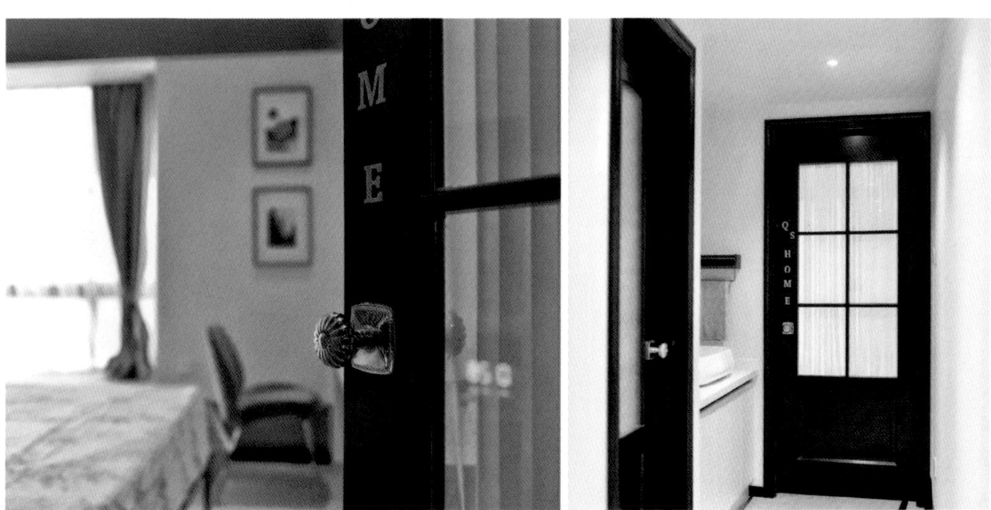

主卧的复古玻璃木门搭配金色门锁，再配合卫生间的玻璃门，为走廊最大限度地引入光线。为了保证私密性，在主卧门后加装了帘子，采光、私密两不误。

需要注意的是，洗手间的门采用了冰裂玻璃，长虹玻璃也是不错的选择，类似的还有水纹玻璃、喷砂玻璃、压花玻璃和夹丝玻璃等。

05 不留死角，给宝宝一个舒适安全的家

房屋信息

所在地	上海浦东
户型	2 室
面积	89 ㎡
设计师	家的要素
费用	17 万元
装修时长	3 个月

改造亮点

户型方面，重点是增加空间的利用率。如阳台，经过改造将其收入客厅中，在增大空间的同时，也提高了安全性。另外，使用功能性更强的收纳柜替代原先功能有限的柜格，提高了储物的容量，特别是收纳柜中还收纳了墙暖。这是怎么回事呢？请看详细解说。

设计师说

这套房子虽然在整体的结构布局上没有做太多调整，但是增加了空间的利用率，加大了收纳容量。巧妙的设计让收纳多了一点“内涵”。另外，屋主考虑最多的是要适合小朋友居住，这也是我们设计的出发点，包括把阳台改造成儿童活动区、客厅不放电视机而放书柜等。希望通过这些细节设计，给宝宝创造一个良好的成长环境。

户型图

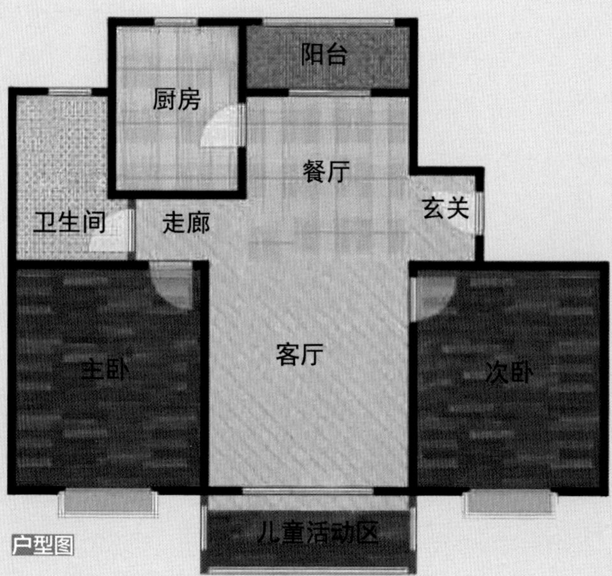

户型图

从户型图可以看到空间的布局，从墙体和功能区的分布来说，未做太多调整，最明显的改动是将原客厅南面的阳台包进客厅，并改为儿童活动区。在每一个空间内，设计师都最大限度地提升了空间的利用率，让空间变得开阔，并增加收纳能力。下面将对这些空间逐一分析。

客厅 »

客厅没有放电视机，而是做了一整面墙的收纳柜。小朋友的玩具和绘本都很多，给他留足储藏空间。

为了节约预算，屋主希望保留原来的地板，这样家里只能装墙暖了。暖气片体积比较大，如何兼顾实用与美观呢？

我们经过讨论，考虑到上海需要开暖气的时间差不多只需要 3 个月，最终决定把客厅的暖气片嵌入柜子里，上下留空。这样冬天使用的时候打开柜门就可以了，其他季节也不会影响美观，还能放一些东西。

收纳柜的展示和收纳功能合理划分，高处的柜格放爸爸妈妈的书本，底部放孩子常用的玩具——比如这个史迪奇玩偶——玩完了随手就能放回去，帮助小朋友养成良好的收纳习惯。

所有的柜门都采用无把手按压式开关，既简约又安全。

改造后，我们把沙发的位置换到了对面，背景墙的长度刚刚好，一点也没有浪费。这样一来，虽然做了整面收纳柜，看起来空间却比原来还要开阔一些。

从阳台看客厅，茶几成为构图的中心。圆形茶几没有凸出的棱角，可以最大限度地避免磕碰对宝宝造成伤害。

这里还摆放了一个智能体重秤，方便屋主和宝宝随时测量体重。

餐厅 »

餐厅紧挨着北面的阳台，光照和通风都不错，离厨房也近。这一区域的墙暖就在餐桌后面。

由于餐厅动线比较复杂，设计师用小斗柜替代了餐边柜，既满足日常收纳需要，又不阻碍交通。

厨房 »

黑框玻璃门分隔厨房和餐厅，避免油烟溢出，也不影响厨房采光。我们换掉了原来带把手的橱柜门板，全部改成按压式柜门，不留任何磕碰死角。

橱柜的板材使用了进口的爱格板，纹路非常漂亮，是清新自然的木质纹理。净水器安装在橱柜里面，不影响厨房外观。

主卧

主卧看起来非常舒爽、沉稳。床头背景墙刷了一整面的浅灰色，整个空间瞬间就有了沉静平和的气质，有助于休息放松。飘窗下的墙暖为冬天的卧室带来温暖。

现在冬天有时空气质量不太好，因此卧室内安装了空气净化器，主要是为了让室内空气循环，降低 PM2.5 的浓度。

次卧

次卧和主卧风格保持相对一致，但没有灰色的一面墙，比主卧略显活泼。

两个卧室布局差不多，都有小飘窗，次卧的墙暖也放在和主卧差不多的位置。

次卧选用了宜家的高箱气压床，床下的储物空间可以存放备用被子、枕头和换季衣物，缓解衣柜的储物压力。柜门采用了内嵌式拉手，不会发生磕碰。

卫生间

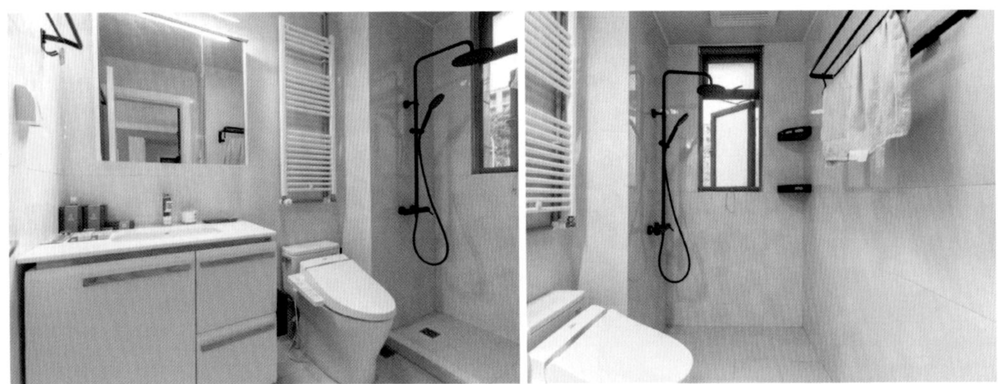

卫生间安装了智能马桶，让科技提升幸福感。想象一下，在寒冷的冬天，坐在可以加热的马桶上，听听音乐看看书，十分惬意。

由于淋浴区空间比较小，大人带宝宝洗澡不方便，小朋友自己一个人洗又不安全，所以我们最后拆掉了玻璃移门，用浴帘代替。拍摄的时候浴帘还没到，暂时先空着。

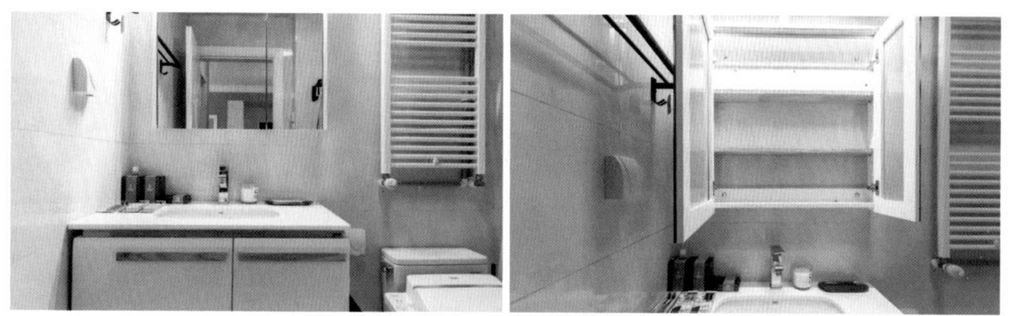

卫生间还安装了非常实用的电热毛巾架和带有照明的浴室镜柜。

阳台和儿童活动区

家里空间不是很大，我们在南阳台为宝宝打造了一个游乐区域，希望这里能成为他专属的小天地。我们拆掉了原来的榻榻米和玻璃门，将阳台整个包进客厅，地面高度也保持一致，方便小朋友进出。

北阳台则做了一个较低的洗手台，每次吃饭前，宝宝可以自己去洗手。

走廊

靠走廊的一整面墙都刷了黑板漆和磁力漆，平时宝宝可以在这里涂涂画画，也可以用吸铁石将一些故事画片固定在墙上，非常方便。

图书在版编目（CIP）数据

小户型改造指南 ：让你的小家越住越大 / 家要素编著. -- 南京 ：江苏凤凰科学技术出版社，2019.11
ISBN 978-7-5713-0417-1

Ⅰ. ①小… Ⅱ. ①家… Ⅲ. ①住宅－室内装饰设计 Ⅳ. ①TU241

中国版本图书馆CIP数据核字(2019)第114479号

小户型改造指南：让你的小家越住越大

编　　著　家要素
项目策划　凤凰空间/徐　磊
责任编辑　刘屹立　赵　研
特约编辑　徐　磊

出版发行　江苏凤凰科学技术出版社
出版社地址　南京市湖南路1号A楼，邮编：210009
出版社网址　http://www.pspress.cn
总 经 销　天津凤凰空间文化传媒有限公司
总经销网址　http://www.ifengspace.cn
印　　刷　天津图文方嘉印刷有限公司

开　　本　710 mm×1 000 mm　1／16
印　　张　11
版　　次　2019年11月第1版
印　　次　2019年11月第1次印刷

标准书号　ISBN 978-7-5713-0417-1
定　　价　69.80元

图书如有印装质量问题，可随时向销售部调换（电话：022-87893668）。